AF339321

TRAITÉ

DES OISEAUX

DE VOLIÈRE.

On trouve cet ouvrage aux adresses suivantes :

A

Alençon ,	chez Bonvoust.
Angers.	— Fourrier Mame.
Bayeux.	— Groult.
Besançon.	— Girard.
Bordeaux.	— Ferret.
Bruxelles.	— { Lecharlier. / Demat.
Caen.	— Madame Lebaron.
Cambrai.	— Hurez.
Châlons-sur-Saône.	— Dejussieu.
Clermont.	— Thibaut.
Dijon.	— Lagier.
Gand.	— Hubert Dujardin.
Genève.	— Paschoud.
Liége.	— Desoer.
Lille.	— Vanackere.
Lyon.	— Bohaire.
Maus.	— Dureau.
Metz.	— Devilly.
Mons.	— Leroux.
Nantes.	— { Forest. / Busseuil aîné.
Orléans.	— Monceau.
Provins.	— Lebeau.
Rouen.	— Frère aîné.
Strasbourg.	— { Treuttel et Wurtz. / Février.
Toulouse.	— Devers.
Tours.	— Veuve Vauquer-Lambert.
Turin.	— Pic.
Valenciennes.	— Giard aîné.
Versailles.	— { Angé. / Etienne.

TRAITÉ

DES OISEAUX DE CHANT,

DES PIGEONS DE VOLIERE,

DU PERROQUET, DU FAISAN,

DU CYGNE ET DU PAON.

A PARIS,

Chez AUDOT, Libraire,

Rue des Mathurins St. Jacques, N.° 18.

BIBLIOTHEQUE ROYALE

TRAITÉ

DES OISEAUX.

VOLIÈRE

POUR LES OISEAUX.

L A volière est un lieu, ou une vaste cage préparée pour y enfermer et y nourrir des oiseaux qu'on entretient pour son amusement. On ne met ordinairement en volière que des oiseaux qui ont un chant agréable, et qui se nourrissent de grain ; les autres, ou n'ont rien qui les fasse rechercher, ou sont trop difficiles à nourrir.

Les oiseaux qui réussissent le mieux en volière dans nos climats sont, le tarin, le chardonneret, le pinson, le bouvreuil, les linotes, le verdier, le bruant et les alouettes.

Si la volière est fermée et garantie

du froid extérieur, les serins y réussiront très-bien ; mais, si elle est ouverte, ils ne résisteraient pas aux froids de l'hiver.

Il faut éviter de mettre dans les volières des oiseaux turbulens, comme le moineau-franc, ou qui aient du goût pour la chair, comme les mésanges ; une seule de ces dernières suffit pour dévaster une volière, tuer ou blesser grand nombre d'oiseaux en une seule matinée.

Les volières ne sont guère propres que pour y entretenir des oiseaux qu'on prend plaisir à y voir voltiger, et à entendre chanter ; mais elles ne conviennent pas pour propager les espèces qui se nuisent les unes aux autres, à moins que la volière ne soit très-spacieuse.

Une volière, pour être bien construite, doit être vaste, aérée, tournée au levant, en sorte que les oiseaux profitent le matin des premiers rayons du soleil ; il faut que le fond en soit sablé ; qu'on l'entretienne propre, qu'on ait soin de la pourvoir des grains qui conviennent aux différens oiseaux qui y sont renfermés, et qu'elle soit à l'abri du nord ; que la couverture soit assez vaste pour garantir les oiseaux des pluies qui tombent avec abondance, ou pendant les orages, ou par des vents violens.

VOLIÈRE

POUR LES PIGEONS.

CETTE volière doit être établie dans un endroit où le chaud et le froid ne se fassent point trop sentir. Il faut qu'elle tire ses jours du côté du levant ou du midi, qu'elle soit meublée de nids de figure carrée, assez profonds pour y asseoir un pigeon à l'aise : leur nombre est ordinairement en raison de trois par paire de pigeons ; on la meuble de terrines de plâtre, de paniers d'osier, qu'on attache au mur, ou bien on construit des cabanes de bois, d'un pied en tout sens, ou bien

encore on pratique des trous dans l'é-
paisseur des murs. Mais ces différens
nids sont sujets à des inconvéniens; on
a remarqué que les cases en planches,
dans lesquelles on met un plateau de
plâtre, s'imbibaient trop facilement de
la partie humide de la fiente, et con-
tractaient par là une odeur qui pouvait
occasioner des maladies aux pigeons.
Les paniers d'osier ont aussi leurs
inconvéniens; outre que la vermine
trouve plus aisément à s'y loger, les
petits sont exposés à tomber souvent;
et, si on n'a pas le soin de les replacer
aussitôt dans leurs nids, ils ne tardent
pas à être massacrés par les autres.
Les plâtres peuvent être avantageu-
sement remplacés par des terrines de
terre cuite vernissées; ces dernières,
à la vérité, sont d'un prix à peu
près double; mais la facilité de les
nettoyer à grande eau, et surtout leur
durée, dédommagent au-delà de l'ex-
cédant de la dépense. Les cavités pra-
tiquées dans l'épaisseur des murs sont
trop fraîches, et ne paraissent pas leur
convenir; quelques amateurs ont été
jusqu'à faire fabriquer, en terre cuite,

des pots assez ressemblans à ceux qu'on place pour recevoir les moineaux. Il faut avoir l'attention de placer les nids dans l'endroit le moins clair de la volière; car les pigeons, comme tous les autres oiseaux, lorsqu'ils veulent pondre ou couver, recherchent toujours l'obscurité.

On ne saurait trop recommander de balayer souvent la volière, d'en faire nettoyer sous ses yeux toutes les parties, de faire transporter à quelque distance la colombine et les autres immondices, de renouveler la paille des nids tous les trois ou quatre jours, au moins pendant l'incubation, sans quoi la fiente qui les entoure ne tarderait pas à leur procurer de la vermine. Il ne faut pas négliger non plus de changer souvent leur eau en été, et de la faire dégeler dans les grands froids. Il faut encore avoir le soin de mettre de la paille fraîche dans les nids, aussitôt qu'on en a enlevé les petits, parce que les pères tiennent aux nids dans lesquels ils ont déjà élevé leur famille. Moyennant cette précaution et cette propreté, qu'on peut porter à l'excès, nous osons affirmer qu'il est rare d'avoir des pigeons attaqués d'autre maladie que de l'incurable vieillesse.

Il y a des espèces de pigeons qui mettent beaucoup de paille dans leurs nids, d'autres qui n'en mettent que quelques brins. Il est bon d'avoir la précaution de les dégarnir quand il y en a trop, parce que les œufs pourraient tomber et se casser; et d'en mettre quand il n'y en a point, attendu que les œufs, à nu sur la planche, roulant de dessous la femelle, qui ne peut les embrasser comme il faut, se refroidissent, et ne sont plus bons à rien. Pour éviter ces inconvéniens, on fera bien de leur préparer soi-même leurs nids, de rompre la paille, afin qu'elle se prête mieux à la forme qu'on veut leur donner, et que les œufs ne puissent glisser entre, ce qui arrive quand elle n'a pas été préalablement brisée.

DES PIGEONS DE VOLIÈRE.

C'est le nom qu'on donne le plus généralement aux pigeons mondains et autres de cette race (1). Ils sont plus ou moins gros et féconds; mais si l'on vise au profit, les pigeons communs, et en général, les moyennes espèces sont ceux qui paraissent devoir être plus multipliées, pourvu toutefois qu'on les ait choisis beaux et bien forts, qu'ils aient de l'ardeur, l'œil vif, la démarche fière, le vol roide. Ces pigeons sont d'une fécondité telle que, dans le cercle de quarante jours, la femelle pond, nourrit sa progéniture, et est déjà occupée d'une autre couvée; ils sont aptes à se reproduire dès l'âge de six mois. On a observé que le principe de la reproduction était plus promptement développé dans les mâles que chez les

---

(1) L'espace ne permet pas de parler des différentes variétés de pigeons de volière ou d'amateurs, qui, presque toutes, sont sorties de l'espèce sauvage appelée *Bizet;* il faudrait donner leurs descriptions et même leurs portraits coloriés. C'est un travail dont je m'occuperai incessamment, et pour lequel je profite de cet article pour inviter les amateurs à me donner les moyens de faire peindre leurs belles espèces.

(*Note du Libraire-Editeur.*

femelles. Ce n'est guère qu'à la fin de la seconde année qu'ils sont dans leur plus grande vigueur.

On ne peut pas aisément, dans les jeunes pigeons, distinguer au premier coup-d'œil le mâle de la femelle; les premiers ont, en général, le bec et la tête plus forts; mais le roucoulement est le signe le plus assuré auquel on puisse les reconnaître; dans certaines variétés on connaît le mâle au panache, c'est-à-dire, à des taches noires que, à quelques exceptions près, les femelles n'ont jamais.

Lorsqu'on désire avoir des sujets forts et vigoureux, il est avantageux d'avoir recours au croisement des races; mais, quand il s'agit de conserver ce que les amateurs appellent pigeons de genres, il faut observer avec soin de n'y employer que les espèces dont la grosseur est une des beautés, tandis qu'il faut éviter le croisement, lorsque l'on veut conserver les petites espèces dans leur forme ordinaire. Si, au contraire, on ne cherche qu'à obtenir de forts pigeonneaux, il importe peu de mélanger les races, en observant néanmoins de donner à la femelle un mâle plus gros qu'elle.

Il serait à souhaiter que la race des pigeons mondains fût sans défaut, car il n'est pas rare d'y rencontrer des individus stériles; du reste, c'est la plus excellente race pour le produit, et une des meilleures pour la qualité des pigeonneaux.

Quand on peuple une volière, ou qu'on veut remplacer les pigeons invalides, on conserve ordinairement les pigeons nés en septembre ou octobre, parce qu'ils sont dans toute leur force au mois de mars suivant. On sait qu'un ou deux mâles non appareillés suffisent pour porter le trouble dans l'habitation, et pour déranger toutes les pontes; aussi quelques amateurs ont-ils la précaution de retirer de la volière, aussitôt qu'ils mangent seuls, tous les jeunes pigeons qu'ils destinent à augmenter le nombre des nids, ou à remplacer ceux dont l'âge annonce la prochaine stérilité. Ils les réunissent dans un endroit qu'ils nomment l'appareilloir, et les y laissent jusqu'à l'époque où le roucoulement des mâles et la coquetterie prononcée des femelles ne laissent aucun doute sur le sexe des individus; alors, à moins que vous n'en ayez de différentes races, que vous ne vouliez croiser, ne gênez point leurs inclinations, et laissez - les faire leur choix. Vous apercevrez bientôt des affections mutuelles. Vous transporterez dans la volière les paires qu'un même sentiment a déjà unies. Il y a même de l'inconvénient à mettre indistinctement un mâle et une femelle pour qu'ils s'accouplent. Dans ces ménages brusquement formés, avant que les soins mutuels en fassent le lien, la discorde règne plusieurs jours. Le mâle exerce sur la femelle une tyrannie, qui va jusqu'à la frapper presque continuellement à coups de bec, et à la tourmenter sans cesse. Il est ennuyeux d'être témoin de cette discussion, qui dure plus ou moins, qui se termine à la vérité par une union indissoluble, mais qu'on peut éviter, en laissant à l'inclination de la femelle, dans un appareilloir, le choix de l'objet auquel elle doit vouer une fidélité sans bornes, et presque sans exemple.

Heureux néanmoins des époux dont l'union est précédée de quelque momens d'orage, pour n'être suivie que d'une continuité de jours sereins! Le couple, une fois uni, demeure joint toute la vie; mais, si l'un d'eux vient à mourir par quelque accident ou autrement, celui qui survit cherche et trouve à former une nouvelle alliance.

Quels que soient la qualité de la nourriture des pigeons, et les soins qu'on leur donne, il arrive souvent qu'ils font des œufs clairs, c'est-à-dire, qui ne sont pas fécondés. Quand on s'en aperçoit, il faut les ôter de dessous la couveuse, et leur substituer, si l'on veut, ceux d'une autre paire, dont on voudrait multiplier l'espèce; sans quoi le tems qu'ils emploieraient à couver ces mauvais œufs serait entièrement perdu, tandis que ceux dont on a enlevé les œufs, pondent de nouveau au bout de quelques jours.

Pour manger de bons pigeonneaux, il ne faut pas attendre qu'ils mangent seuls, parce qu'alors ils maigrissent; leur chair n'a plus cette finesse et cette délicatesse qui caractérisent les pigeonneaux de volière. C'est lorsqu'ils ont environ un mois, et qu'ils sont sur le point de sortir du nid, qu'il faut les prendre ; mais, si l'on veut manger d'excellens pigeonneaux, il faut les engraisser de la manière suivante :

Lorsque les pigeonneaux seront parvenus au dix-neuf ou vingtième jour, que le dessous de leurs ailes commencera à se garnir de plumes ou de canons dans la partie des aisselles, retirez-les de la volière, placez-les ailleurs dans un nid, et couvrez-le avec une corbeille, un panier qui refuse l'accès à la lumière, et laisse un libre passage à l'air. Tout le monde sait qu'on doit, en général, tenir dans l'obscurité les animaux qu'on veut engraisser artificiellement. Ayez des grains de maïs qui auront trempé dans l'eau environ vingt-quatre heures : retirez deux fois par jour, le matin de bonne heure, le soir avant la nuit, chaque pigeonneau hors de son nid ; ouvrez lui le bec avec adresse, et faites-lui avaler chaque fois, selon son espèce et sa grosseur, depuis cinquante jusqu'à quatre-vingts et même cent grains de maïs humecté.

Continuez dix ou quinze jours de suite,
et vous aurez des pigeons d'une graisse
aussi fine que celle des plus belles vo-
lailles. Il n'y aura de différence que
dans la couleur.

Les pigeons, comme tous les autres
animaux, ne sont pas exempts de
maladies. Il n'est pas douteux que
ceux qui sont captifs n'y soient plus
sujets que les pigeons fuyards, qu'il
n'y en ait même qui soient inconnues
à ces derniers, et qui appartiennent
à la condition domestique, laquelle a
cependant pour eux quelques avantages, quoi qu'on en dise. Nous ne
dirons que deux mots sur les maladies,
parce qu'il faudrait énoncer leurs
symptômes et le traitement qu'il faut
leur faire subir, et qu'il nous manque
à cet égard des données certaines.

La goutte, la mue même, est pour
le pigeon captif une maladie souvent
aussi cruelle que la dentition l'est pour
d'autres animaux. Quelquefois un
pigeon meurt après avoir long-tems
souffert, faute d'avoir pu se défaire
de trois ou quatre plumes de l'aile.
On peut prévenir cette mort en pre-

nant l'individu, et en lui arrachant les plumes avec soin, de peur de les rompre ou de déchirer les parties adhérentes par un mouvement trop brusque et trop fort.

Quelques pigeons sont tellement avides qu'ils se gorgent d'alimens, au point que, ne pouvant pas être digérés, ils restent dans le jabot, s'y corrompent, et font souvent mourir l'animal : Cela arrive souvent, sur-tout lorsqu'ils ont été trop long-tems sans manger. Dans ce cas, on les renferme dans un bas qu'on attache à un clou, de manière qu'ils aient les pieds placés inférieurement. Dans cette position on ne leur donne qu'un peu d'eau de tems en tems. Mais ce procédé manque quelquefois ; alors on est obligé de fendre le jabot avec une paire de ciseaux bien pointus, ou un canif ; on retire l'aliment corrompu, on le lave et on le recoud. Cette méthode a souvent réussi, mais elle fait perdre au jabot sa forme ronde. Quelques personnes font une ligature qui intercepte la partie du jabot, qui contient la nourriture non digérée, et elles la

laissent jusqu'à ce qu'elle tombe d'elle-
même emportant avec elle la partie
du jabot qu'elle entourait ; on sent
aisément les suites d'un semblable
moyen qui, au reste, est immanquable.

Les pigeons sont quelquefois attaqués par une espèce d'insecte qui
dévore sur-tout les pigeonnaux qui
viennent d'éclore ; ces insectes, connus
vulgairement sous le nom de punaises
des pigeons, leur sont d'autant plus
funestes , qu'ils s'introduisent dans
leurs oreilles, et les privent entièrement
du repos nécessaire à leur santé et à
leur accroissement. Pour y remédier ,
il faut semer dans le nid de la poudre
de tabac, et en répandre aussi sur
les pigeonneaux ; par ce moyen on parviendra à les détruire.

Aux îles de France et Bourbon
les pigeons sont aussi tourmentés par
des espèces de punaises qui nuisent à
leur multiplication ; mais on les détruit
en mettant dans le pigeonnier un
panier que l'on remplit d'herbes quel-
conques. Au bout de quelques jours
on retire ces herbes, dans lesquelles
ces insectes n'ont pas manqué de se

réfugier, et on les jette au feu; par ce moyen aussi, simple qu'économique, on parvient à en délivrer les pigeons.

Les pigeons ne sont pas non plus exempts des maladies contagieuses. M. Lendormy, médecin célèbre à Amiens, a remarqué que la cause qui a ravagé, il y a quelques années, les colombiers dans les environs de Montdidier, dépendait en partie des cendres rouges vitrioliques employées sur les terres comme engrais, et que les pigeons avalaient par amour pour tout ce qui est salé, d'où il résulte nécessairement du désordre dans l'économie animale.

Le moyen de prévenir les maladies des pigeons consiste, nous le répétons, à maintenir dans le colombier une extrême propreté, à le laver, à le blanchir quelquefois au lait de chaux, et à n'y pas laisser séjourner trop longtems la colombine. En un mot, tout ce qui peut prévenir le méphitisme et écarter les vermines, contribue essentiellement à conserver les pigeons dans l'état de santé et de vigueur.

Maria Mion sculpsit

Faisan du Phase et sa femelle, le mâle à 2 Pieds 10 pouces.

N. B. La Mesure des oiseaux est prise du bout du bec à celui de la queue

LE FAISAN.

Le faisan est un oiseau qui plaît par
la beauté et la variété de son plumage.
Le mâle est à peu près de la grosseur
d'un coq domestique. Son plumage
est mêlé de couleur de feu, de bleu,
de vert, etc. Dans le tems que cet
oiseau est en amour, chaque côté de
sa tête porte un petit bouquet de plumes, placé au-dessous des oreilles, et
représentant des espèces de cornes.
Les faisans se décolorent en France,
leurs belles couleurs perdent leur vivacité; et en Pologne ils se panachent,
et deviennent même entièrement blanc.
Il en est ainsi des paons.

On élevait autrefois des faisans
dans toutes les terres des grands sei-
gneurs.

Ceux qu'on destine pour faire race
ne doivent avoir qu'un an. Les plus
jeunes sont ceux qui pondent le plus
et le plus tôt; et les couvées qui se font

de bonne heure sont les plus favorables. On donne cinq faisandes à chaque coq; et si on en a plusieurs volées, il faut les séparer dans le tems de la ponte; on leur pratique pour asyle des enclos à l'air; ces enclos doivent être bien fermés de grillages, afin de pouvoir garantir les faisans des chiens, des chats, des rats et même des hommes qui, ne connaissant pas leur naturel, pourraient les effrayer ou les inquiéter. Les faisans doivent encore avoir des ombrages ou d'autres abris pour s'y réfugier pendant les mauvais tems, ou quand ils sont épouvantés, et des endroits pour pondre hors la vue des oiseaux de proie, des corbeaux et des pies qui viennent enlever leurs œufs; on évitera de leur donner pour nourritures des grains moisis, et on aura l'attention que l'eau qui leur sert de boisson soit toujours fraîche, jamais salée ni corrompue; on choisira par préférence, pour les enclos de ces animaux, les endroits où se trouvent des plantes ou des herbes dont ils puissent se nourrir, et dans lesquels ils puissent se fourrer pour se mettre à l'ombre et à

Faisan *doré et sa femelle; le mâle à 2 pieds 10 pouces.*

l'abri ; quand la terre de l'enclos est fraîche, elle ne vaut que mieux pour eux ; ils y trouvent des crapauds, des limaçons et des vers dont ils sont très-friands ; ils ont même bientôt fait d'en nettoyer le terrain. Dès que les faisandes auront pondu leurs œufs, on les donnera à couver au plus tôt à des poules communes ou à des poules d'inde ; et, en attendant qu'on fasse éclore ces œufs, on les mettra dans du son en un endroit sec, qui ne soit ni chaud ni froid. Les œufs des faisandes sont plus petits que ceux des poules ordinaires, et conséquemment beaucoup plus que ceux des poules d'inde. On en peut donc mettre un plus grand nombre pour couver sous ces dernières. La première couvée des faisans peut éclore au mois de mai ; on fait faire par précaution une boîte de la longueur de 56 pouces, de la largeur de 12 à 13, et de pareille hauteur sans couvercle. A 20 pouces de l'un des bouts de cette boîte, on pratique une séparation avec des bâtons placés à trois pouces l'un de l'autre ; on place cette boîte, sur un terrain sec auprès d'un mur exposé au couchant. Le nord et le levant seraient trop froids, et le midi trop exposé au soleil; voici actuellement l'usage de cette boîte.

Dès que les petits faisans sont éclos, on les met avec la poule dans la partie de la boîte la plus petite; l'autre partie est destinée à leur donner à manger; on la couvre d'un filet pour empêcher les moineaux de leur dérober ce qu'on leur donne; la séparation à claire-voie leur laisse la liberté d'aller chercher leur mangeaille, et de revenir à la poule quand ils ont mangé : on fournira la case de la poule de la nourriture qui lui est propre, et on lui donnera aussi de l'eau claire pour sa boisson. On tiendra les faisandeaux pendant dix jours dans cette boîte, la nourriture qu'on leur donnera pendant ce tems consistera en œufs de fourmis noires que l'on ramassera dans les bois; indépendamment de ces œufs, on leur préparera une pâte avec de la farine d'orge et un œuf en son entier, y compris sa coquille pulvérisée; on rend cette pâte d'une consistance propre à

Faisan *argenté et sa femelle; le mâle à 2 pieds 10 pouces.*

en former de petites boulettes de la
même forme et de la même grosseur
que les œufs de fourmis noires.

Leur boisson, pendant les six premiers jours, sera un peu de lait qu'on
aura mis dans un vase de terre peu
profond. Au septième jour on coupera
le lait avec pareille quantité d'eau ; on
leur changera pour lors la pâte, on n'y
mettra plus le dedans de l'œuf ; on la
fera seulement avec la seule coquille
bien broyée, et de la farine d'orge
pétrie avec du lait.

Le dixième jour écoulé, on retire
les faisandeaux de la boîte avec la
poule, et on les met dans un petit clos
fait avec des bâtons ou des fils d'archal, et élevé à deux pieds pour qu'ils
ne s'écartent pas trop de la poule ; on
peut alors ne leur donner pour boisson
que de l'eau, et pour nourriture que
la pâte faite simplement avec la farine
d'orge et l'eau, mais on aura néanmoins attention de leur donner toujours quelques œufs de fourmis après
le repas : c'est ainsi qu'on gouverne
les faisandeaux pendant une semaine
entière, ils auront pour lors 17 jours ;

c'est le vrai tems de les retirer du gazon sur lequel ils étaient renfermés, et de leur substituer un gazon nouveau, où il faut les laisser en liberté; ils courent et ils volent où ils veulent jusqu'à la saint Michel; ils ne quittent pas néanmoins la poule, à moins qu'ils ne soient effrayés par des chiens.

On leur continuera la même nourriture que ci-dessus jusqu'au tems de la moisson, on pourra leur donner pour lors quelques épis de blé, et ensuite des pois. Une chose bien surprenante dans les faisans, c'est que ces oiseaux mangent avec voracité les petits crapauds; c'est même pour eux un mets délicieux; mais ils ne touchent point aux lézards ni aux grenouilles. Par le soin qu'on prend de ces oiseaux, on peut donc en élever sans beaucoup de peines, mais c'est en petite quantité, d'autant que les œufs de fourmis sont pour eux un aliment nécessaire, et qu'on en trouve rarement assez.

Lorsqu'on veut peupler les bois de faisans, il ne faut pas leur couper les ailes; mais si on n'en veut avoir que dans ses enclos, dans ses bosquets, cette opération devient pour lors indispensable. Quoique ces animaux soient fort attachés au local , ils ne laisseraient pas néanmoins de s'écarter, et pour lors on les perdrait : on leur coupe dans ce cas les ailes , on les plume pour cet effet autour de la première jointure d'une aile, on lie fortement la partie supérieure de la jointure avec un fil, pour arrêter l'écoulement du sang lorsqu'on coupe l'aile. Cette opération se fait en tranchant l'aile dans la jointure avec un couteau bien aiguisé , on les lâche aussitôt; mais il faut les observer pendant une heure pour voir s'ils ne saignent point ; et en cas que cela soit, on les reprend et on passe sur la coupure une pipe à tabac rougie au feu. On ne peut couper les ailes à ceux de la seconde couvée qu'au mois de septembre. Quand le mois de juillet est humide, il faut les faire rentrer tous les soirs une heure avant le coucher du soleil, et les faire sortir le lendemain de grand matin. Le genêt épineux est l'abri que ces oiseaux choisissent le plus ; on fera donc très bien d'en planter dans les

enclos et les bosquets où on les retient.

Quand les faisandeaux sont jeunes,
ils sont fort sujets à être infectés d'une
espèce de pou de même que toute la
volaille ; ils en maigrissent très-fort, et
meurent même quelquefois Le meilleur remède pour les en préserver est
d'avoir soin de les tenir bien propres.

Lorsque ces oiseaux ont passé l'âge
de deux mois, les plumes de leur queue
sont sujettes à tomber, et il leur en
pousse de nouvelles, c'est pour eux un
tems bien critique ; il n'y a que les œufs
de fourmis qui soient capables de le
rendre moins dangereux.

Une maladie qui leur est commune
avec les poulets, est la pépie ; cette maladie leur est presque toujours mor-
telle, elle se manifeste par une pellicule
blanche qui recouvre leur langue. Pour
les en garantir, il faut renouveler souvent leur eau.

Ces oiseaux sont encore souvent
exposés lorsqu'on les tient trop renfermés, principalement quand ils sont
jeunes, à une certaine maladie conta-
gieuse, qu'on ne peut prévenir qu'en
leur

leur rendant la liberté. Cette maladie se manifeste par une enflure considérable à la tête et aux pieds, et par une soif inextinguible qui hâte encore leur mort quand on la satisfait.

On donne pour alimens ordinaires aux faisans, de l'avoine, de l'orge, du froment et des pois ; et, en hyver, des panais crus, des feuilles et racines de laitue, des choux et des feuilles de raves sauvages. Le gland et les senelles sont encore pour eux dans cette saison une nourriture excellente. En automne ils vivent fort bien de chaume, soit d'orge, soit d'autres grains, et au printems ; ils mangent, du blé vert : il n'en coûte donc pas plus pour les faisans que pour toute autre volaille. Le froment est cependant pour eux la meilleure de toutes les nourritures ; il leur donne de la vivacité et un embonpoint qui les met à l'épreuve du froid le plus rigoureux.

Les faisans se perchent la nuit dans les hautes futaies, et ils habitent de jour les bois taillis, les buissons et les lieux remplis de broussailles. La femelle fait son nid à terre, dans les buissons les plus épais; elle pond la même quantité d'œufs que les perdrix; on prétend que la poule domestique accouplée avec le coq faisan, pond des œufs tachetés de noir; et que ces œufs sont plus gros que ceux de la poule commune. Les petits qui proviennent de ces œufs sont, dit-on, si semblables aux faisandeaux, qu'il serait très-aisé de s'y méprendre.

Il n'y a guère d'oiseaux dont la chair ait un goût plus exquis et plus délicieux que celle du faisan. Pour qu'elle soit en sa bonté, il faut que l'animal soit jeune, tendre, gras et bien nourris; en général la chair de faisan nourrit beaucoup, produit un bon suc, et fournit un chyle solide et durable: les œufs de cet oiseau sont pareillement excellens.

1. PIE GRIECHE, 7 pouces (*Voyez page 27.*)

2 MERLE, 9 pouces ½   3. GRIVE, 10 pouces (*Voyez page 31.*)

LA PIE-GRIÈCHE.

Ces oiseaux chantent en juillet et août, et contrefont souvent la voix de la plupart des petits oiseaux ; ils font toujours le même cri qui est très-ennuyeux, et qui a beaucoup de rapport avec celui de la chouette.

Les pies-grièches vivent à la campagne d'insectes, surtout des sauterelles et des scarabées, qu'elles rongent par petits morceaux. Lorsqu'elles sont rassasiées, elles fichent les restes avec leur bec à des épines ; elles conservent même ces manières en cage, attachent leurs restes entre les osiers de la cage ; et quand ces oiseaux mangent de gros morceaux de chairs qu'ils ne peuvent pas avaler dans une seule fois, ils se mettent sur une patte, et prennent le morceau avec l'autre serre, dont ils font usage comme d'une main. Quand on veut les élever en cage, on leur donne à manger du cœur. Ces oiseaux vivent environ quatre ou cinq ans.

LE MERLE.

Le merle est un oiseau qui égale la grive en grandeur ; il est trop connu pour que nous fassions sa description.

Les merles font des petits deux ou trois fois par an ; ils doivent donc commencer au premier printems avant les autres oiseaux. Ils placent ordinairement leurs nids dans l'épine blanche, à la hauteur d'un homme ou à peu près. Le merle couve de tems en tems à la place de sa femelle pendant le jour ; et, pendant le restant du tems, il lui apporte à manger, l'égaye par son chant, et veille autour d'elle pour en écarter l'ennemi. La ponte de cet oiseau est de quatre ou cinq œufs bleuâtres, parsemés de taches brunes. Le nid dans lequel la femelle les dépose, est construit avec tout l'art possible ; cet oiseau emploie à l'extérieur de la mousse, des rameaux déliés, et des racines menues, qu'il lie ensemble avec de la boue pour tenir lieu de colle ; le dedans en est aussi lutté : il ne pond pourtant pas ses œufs sur la boue, et à nu comme fait la grive ; mais il met par-dessus la boue du chaume, de la paille, du poil ou du crin, ou d'autres matières mollettes, propres à recevoir ses œufs, pour qu'ils soient moins exposés à se casser, et que les petits soient couchés plus mollement.

Les petits éprouvent plusieurs mues la première année ; et, à chaque mue, les plumes deviennent plus noires et le bec plus jaune ; mais les femelles varient peu, si ce n'est la seconde année, où elles quittent leurs taches jaunes et prennent un noir gris, surtout à la gorge et au ventre. Le bec jaunit, excepté aux narines qui sont encore, à la troisième année, d'un brun noir, ainsi que les pattes.

Le merle se nourrit indistinctement de baies et d'insectes ; il aime à voler seul. Aristote a observé, de son tems, que cet oiseau gazouille en hiver, mais qu'en été il chante à gorge déployée. Il est de fait qu'il commence à chanter dès que la neige est à peine fondue ; il continue toute l'année ; son chant n'est pas même désagréable quand on l'entend dans un bois où il y a écho , ou dans une vallée. Dès que cet oiseau a appris une fois quelque chose, il le retient pendant toute sa vie : il est très-docile , et on peut l'instruire à parler.

Quand on veut se servir du merle pour le chant, il faut le prendre dans le nid , et lui donner pour nourriture du cœur , de la viande , du pain trempé et du fruit ; on ne mettra point les merles dans de petites volières avec des autres oiseaux , parce qu'ils les poursuivent et les incommodent beaucoup.

Le merle aime à se baigner et à s'éplucher ; il faut seconder son inclination en lui donnant souvent de l'eau dans sa baignoire.

LA GRIVE.

On en distingue pour l'ordinaire
quatre espèces, quoiqu'il s'en trouve
un plus grand nombre ; la *grosse Grive*,
ou *Draine*, la *petite Grive de genièvre*,
ou *Litorne*, la *Grive rouge*, *Mauvis*,
Roselle ou *Calandrotte*. Les deux dernières espèces sont réputées pour des
oiseaux de passage en France, puisqu'elles n'y font pas leurs nids.

La *Draine* est la plus grosse de toutes ;
elle est pour l'ordinaire longue de dix
ou douze pouces, depuis le bout de son
bec, jusqu'à celui de sa queue ; ce bec
est gris brun à son origine, et noirâtre vers le bout. Le dessus de la tête
et du col, et une partie du dos, sont
gris brun ; la partie inférieure du dos
est de la même couleur ; elle tire seulement un peu sur le roux. La gorge
est blanche, avec une très-légère teinte
de jaune, et variée de quelques petites taches brunes. Les joues, le bas

du col, la poitrine et le ventre sont
d'un bleu jaunâtre, avec de grandes
taches presque noires. Les ailes sont
d'un gris brun foncé, avec une petite
bordure blanchâtre. La queue est d'un
gris brun en dessus.

La *petite Grive* ressemble à la grosse:
elle est plus petite que la grive de genièvre, et un peu plus grande que la
grive rouge : elle a neuf pouces de longueur. Son bec est brun; les couleurs
et les taches de sa poitrine et du ventre
sont semblables à celles de la grosse
grive ; le dessus du corps brun par-tout,
ou plutôt olivâtre, avec un mélange
de roux ou de jaunâtre aux ailes.

La *Grive de genièvre*, ou *Litorne*,
ressemble pour la grandeur et pour la
figure au merle femelle, avec cette
différence seulement, que cette grive
a l'estomac jaunâtre, tacheté de noir,
et le ventre blanc : ses jambes et ses
pieds sont noirs; sa tête, son col et son
croupion sont de couleur cendrée;
le dessus du dos est tanné, mais peu
grivelé. Le dessous de l'aile est
blanc.

La quatrième espèce, le *Mauvis*,

volè communément par grandes troupes, et en été ; c'est celle qui est la plus
commune dans nos plaines. Ses cuisses
et ses pattes sont pâles, le dessus de
ses ailes est rougeâtre, et son ventre
est blanc ; les naturalistes admirent
son plumage, et les gens de campagne
sont enchantés de son chant mélodieux.

Après avoir décrit ces différentes
espèces de Grives, nous allons entrer
dans quelques détails sur ce qui les
concerne spécialement. La *grosse Grive*
se perche au printems sur la cime des
arbres les plus élevés pour y faire son
nid. Sa ponte est quelquefois de dix
œufs ; son chant est très-mélodieux ; elle
ne vole que par troupes : chaque mâle
et femelle se suffisent pour se tenir mu-
tuellement compagnie. Cet oiseau se
nourrit de même que toutes les autres
espèces de grives de baies de Guy, (1)
elles ne restent pas cependant long-
temps dans ses intestins : il les rend en
entier ; et souvent elles végètent, no-

---

(1) Fruit du *Guy*, plante parasite qui croît
sur l'écorce du chêne.

nobstant cela. En hiver, outre ces baies, celles du sorbier des oiseleurs, du houx sauvage et de l'aubépine fournissent un mêts dont cette grive est fort friande. En été elle fait la chasse aux vers, aux chenilles, et à d'autres insectes.

Quant à la *petite Grive*, elle aime mieux les insectes que les baies; elle se nourrit même de limaçons; elle demeure pendant toute l'année en France, et y fait son nid; elle le construit en dehors avec de la mousse et de la paille, et elle enduit son intérieur avec de la boue: c'est sur cette boue toute nue qu'elle pond cinq ou six œufs pour une seule couvée. Les œufs sont d'une couleur bleue verdâtre, piquetés de taches noires parsemées; elle chante parfaitement bien au printems, lorsqu'elle se trouve perchée sur les arbres; elle est solitaire de même que la grosse grive; mais elle fait plutôt son nid dans les haies que sur les arbres élevés; elle est stupide, et se laisse prendre facilement: on la dit fort gourmande; elle est surtout friande de la graine de jusquiame, et elle mange en outre beaucoup de raisins dans les vignobles ; aussi s'aperçoit - on qu'elle est très-grasse pendant les vendanges.

La *Grive de genévrier*, ou *Litorne*, aime beaucoup les baies, surtout celles de genièvre, d'où lui est venu son nom; elle mange aussi des vers et d'autres insectes ; elle passe toute l'année en Angleterre, excepté seulement pendant la saison de l'été : on ne sait pas encore trop où se retirent ces oiseaux lorsqu'ils disparaissent. Ils aiment les prés et les pâturages. On ne distingue que très-difficilement le mâle d'avec la femelle.

Le *Mauvis* est le rossignol de quelques contrées; il chante jour et nuit : c'est surtout en été que ses accens mélodieux se font entendre dans les cannes ou roseaux dans lesquels il grimpe. Il y construit son nid, qu'il laisse à découvert; sa ponte est de cinq ou six œufs. Cette espèce de grive ne vole pas aisément, mais elle bat des aîles à la manière des alouettes hupées : elle est aussi à peu près de la même grosseur.

On élève les grives en cage, surtout celles des trois premières espèces; elles y vivent environ cinq ou six ans; pour pouvoir réussir à les élever, il faudra s'y prendre de la même manière que pour le rossignol. Quand on les prend jeunes dans le nid pour les élever en cage, elles y chantent supérieurement. Agrippine, épouse de l'Empereur Claude, avait une grive qui parlait. On a observé que, quand il fait de grandes pluies en mai et juin, il n'y a en automne que très-peu de grives; et la raison en est évidente; c'est que leurs nids, étant garnis de boue, ne manquent pas d'être endommagés par les pluies; ce qui fait périr les petits, ou empêche les œufs de réussir.

L'ETOURNEAU ou SANSONNET.

L'ÉTOURNEAU est à peu près de la grosseur d'un merle; le haut de la tête, le dessus du cou et le dos sont d'un noirâtre changeant en pourpre et en vert foncé, mais très-brillant; chaque plume est roussâtre à son extrémité;

1. HUPPE, 11 pouces (Voyez page 42)

2. ÉTOURNEAU ou SANSONNET, 8 pouces.

ses joues, sa gorge, le bas de son cou, sa poitrine et son ventre, sont de même; sa queue est formée de plumes d'un cendré brun très-foncé, bordées extérieurement, et par le bout de roussâtre; le bec est même long d'environ quinze lignes, jaunâtre à son origine et brun vers le bout; ses pieds sont jaunes et ont trois doigts devant et un derrière. La femelle a le bec tout brun et le dos moins brillant que celui du mâle.

L'étourneau est des plus communs; son naturel est d'être gourmand : il se nourrit de vermisseaux, de scarabées et d'autres insectes : les baies de sureau et d'autres arbustes, les raisins, les olives, le millet, l'avoine et d'autres semences, sont aussi de son goût : il aime encore la ciguë et la chair des animaux morts.

Les étourneaux habitent, pendant l'été, les forêts, les prés et les lieux aquatiques. Pendant l'hiver, ils se retirent dans les tours, sous les toits des maisons et dans les trous qu'ils y rencontrent. On ne voit jamais guère les Étourneaux solitaires; ils aiment vivre en société : ils s'associent même avec certaines grives pour augmenter leur nombre. Ces oiseaux vivent pendant cinq ou six ans : on en a vu qui ont vécu près de vingt ans en cage : ils sont très-dociles, ils s'apprivoisent facilement, et on peut très-bien leur apprendre quelques mots.

On distingue plusieurs espèces, ou, pour mieux dire, plusieurs variétés d'Étourneaux, le blanc, le noir et blanc et le gris.

Les étourneaux font leurs nids à la campagne dans de gros arbres, et parculièrement dans les châtaigniers qui se trouvent dans les forêts et sur les montagnes. Ils en construisent deux ou trois par an, et ils y déposent chaque fois quatre ou cinq œufs légèrement teints d'un bleu verdâtre. On voit encore très-souvent des étourneaux au faîte des plus hauts bâtimens, sur les toits et les colombiers des maisons : ils y font leur nichée comme les moineaux. Rien n'est plus facile que d'attraper ceux qui habitent ces endroits : on met pour cet effet, près de la muraille du lieu qu'ils habitent, quelques vases de terre

cuite non vernissée, faites à la façon
de ces flacons de bois dont se servent
les gens de la campagne, plats d'un
côté et rebondis de l'autre, ayant du
côté du plat une assez grande ouverture pour pouvoir y faire entrer sa
main : on les attache au mur, et les
étourneaux et moineaux y font pour
lors leurs petits sans aucun trouble.
Quand ces petits sont bons à prendre,
on les en tire ; cela n'empêche pas que
les père et mère n'y retournent à diverses reprises pour y couver de nouveau.

Lorsqu'on a déniché les petits, si on
veut les élever, on leur donne pour
nourriture du cœur de mouton ou
d'autres animaux, haché par petits
morceaux de la grosseur d'une plume
à écrire : on leur en présentera tous
les jours trois ou quatre fois au bout
d'un petit bâton, jusqu'à ce qu'on
s'aperçoive qu'ils veuillent manger
seuls : on les nourrira pour lors à peu
près comme le rossignol, quoiqu'on
puisse leur donner, quand ils sont
grands, de toute sorte de nourriture.
Ces oiseaux ainsi élevés apprennent à

siffler : on les met en cage ; on les laisse même quelquefois se promener par toute la maison ; tant ils sont aisés à s'apprivoiser !

La raison pour laquelle les étourneaux volent en troupes, c'est pour se défendre des assauts des oiseaux de proie ; car, dès l'instant qu'ils s'en trouvent assaillis, ils se ramassent en un tas, et ils excitent pour lors, avec un fort battement d'ailes, un si grand vent, qu'ils empêchent par là l'oiseau de proie d'approcher d'eux.

LE GEAI.

LE mâle se distingue de la femelle par la vivacité des couleurs qui est plus grande dans le mâle, principalement le bleu, et par sa tête, qui est plus grosse.

Le geai se nourrit pendant l'automne et l'hiver de glands ; mais pendant les deux autres saisons, il va chercher les pois verts, les groseilles, les

fruits de ronce et les cerises dont il est
très-friand ; et dans le tems de la moisson, il mange des grains et des insectes qui se trouvent pour lors dans les
champs ; on prétend que cet oiseau est
sujet au mal caduc.

Si on les prend dans le nid et encore
niais, et si on les élève pour lors en
cage, on peut leur apprendre à parler
et à siffler ; ils contrefont aussi très-
bien le chien, le chat, la poule, les
pleurs d'enfant, le son de la trompette
et quelques paroles ; mais, pour les
prendre dans le nid, il faut qu'ils soient
bien en plumes ; on leur donnera pour
nourriture du cœur, du pain, de la
soupe et des fruits ; et pour pouvoir
mieux leur apprendre à parler, on leur
coupera le filet qu'ils ont sous la langue.

Cet oiseau est dans l'habitude de
couver dans les arbres touffus, et le
plus souvent dans ceux qui sont entou-
rés de lierre. Il construit son nid de
bois sec en dehors, et il le garnit intérieurement de racines et de filamens
d'herbes ; la femelle y dépose quatre

ou cinq œufs cendrés, avec des taches plus apparentes.

Le geai est voleur comme la pie. Il cache aussi de même qu'elle son larcin dans les lieux les plus secrets de la maison. Il mue ordinairement par la tête tous les ans au mois d'août.

LA HUPPE ou PUPUT.

LA huppe est un oiseau de passage qui n'est pas plus gros qu'une grive ordinaire ; son bec est noir, long et délié, un peu crochu. Ses pattes sont courtes ; elle a sur la tête une touffe de plumes qu'elle lève et baisse continuellement, en la déployant et la repliant à son gré ; cette touffe ou huppe est composée de vingt à vingt-cinq plumes, ces plumes sont noires à leurs sommités, blanches dans le milieu, de couleur de châtaignes à leurs extrémités. Lorsque la huppe élève cette espèce de crête, elle abaisse la tête qui est de couleur tirant sur le fauve ainsi que le col et la poitrine ; les

aîles et la queue sont noires et longues,
traversées de raies blanches ; le dessous
du ventre est blanchâtre.

Le mâle se distingue de la femelle,
en ce qu'il a la tête plus ronde, la
crête plus haute, et les couleurs plus
vives. La durée de sa vie est d'environ
trois ans. La huppe habite la campagne, tantôt les plaines, quelquefois
même les grands chemins et les jardins,
elle ramasse dans le fumier les vers qui
s'y trouvent ; elle s'en nourrit de même
que de chenilles, de fourmis et de
raisin pendant la saison de l'automne ;
elle en est quelquefois si étourdie,
qu'elle en paroît à moitié ivre. Quand
on veut élever des huppes à la maison,
il faut les lâcher dans quelques jardins
ou du moins les tenir hors de la cage,
et leur mettre dans une auge du cœur
coupé par petits morceaux longuets,
ou des vers, et de l'eau dans un autre.

Elle couve dans les trous des arbres
et des murailles inhabitées : elle fait
son nid avec du bois pourri ou de la
vermoulure d'arbres ; elle y dépose
trois ou quatre œufs allongés et menus ;
les petits qui en proviennent, de même

que le nid, puent comme charogne ;
cependant la puanteur des petits n'est
que superficielle, car ils sont fort bons
à manger, même en sortant du nid ;
cependant comme il se trouve toujours
des scarabées morts dans l'endroit où
la huppe dépose ses œufs, on en tire
la conclusion ; 1.º que les insectes morts
sont la cause de la puanteur qu'on sent
dans le trou où elle pond, et de la
matière qu'on en tire ; 2.º qu'à parler
strictement cet oiseau ne fait point de
nid. L'opinion la plus commune, *quoique très-fausse*, c'est que la huppe
passe pour faire son nid avec de la fiente
humaine ; d'autres veulent que ce soit
avec de la fiente de loup, de renard
ou de chien.

La huppe mue tous les ans ; c'est
la raison pour laquelle on ne la voit
pas en certains tems de l'année ; elle
passe néanmoins pour un oiseau de
passage ; elle vole lentement, et dans
son vol on dirait qu'elle va par sauts
et par bonds ; elle pousse un cri enroué
qu'on entend de fort loin. Quand on
l'apprivoise dans les maisons, elle y
fait la chasse aux mouches, de même

qu'aux souris; elle annonce la pluie par son gémissement.

LE VERDIER.

LE verdier est un oiseau très-commun que les oiseleurs appellent improprement *Bruant* : il est à peu près de la grosseur d'un pierrot. Le dessus de sa tête, ses joues, son col, son dos et la partie supérieure de ses ailes sont vert olive; le reste de ses ailes a du gris et du noir, mêlé de raies blanches et jaunes. Son croupion et une partie de sa queue sont jaunes; les extrémités en sont noires, bordées de gris jaune; les jambes couleur de chair; le bec un peu gros. La femelle a les couleurs plus faibles. Le verdier habite toute l'année nos campagnes, il vit dans les bois, dans les jardins et les vergers : il fait son nid sur les arbres, à une hauteur médiocre, et sur les buissons. Il est composé de mousse et d'herbe sèche en dehors, de crin, de plumes et de laine en dedans ; la ponte est de cinq ou six œufs tachetés de rouge brun sur fond blanc verdâtre. La femelle couve avec tant d'attachement qu'elle se laisse quelquefois prendre sur le nid plutôt que de s'envoler.

Ces oiseaux sont très-faciles à élever ; ils n'ont point de chant, mais ils apprennent à prononcer quelques mots, ils s'habituent plus aisément qu'aucun autre oiseau à la manœuvre de la galère ; ils deviennent aussi très-familiers.

LE CHARDONNERET.

On distingue le mâle du chardonneret d'avec la femelle, en ce qu'il a le tour du bec noir, tandis que la femelle a le tour du bec brun ; d'ailleurs on ne remarque point de rouge sur la tête de la femelle.

Le chardonneret vit douze à quinze ans : il est indigène à la France : il passe l'hiver dans nos climats ; s'il n'était pas si commun, on en ferait grand cas,

1. CHARDONNERET, 5 pouces. (Voyez page 46.)

2. VERDIER, 5 pouces ½. (Voyez page 45.)   3. GEAI, 13 pouces ½.

car c'est un joli oiseau ; d'ailleurs il chante assez bien, quoique d'une voix perçante. Ces oiseaux volent par bandes en automne et en hiver, quelquefois même jusqu'à près de deux mille. On les apprivoise très-facilement ; on leur apprend même à tirer leur eau, ou à sauter sur une roue dans une cage, à y monter et à y descendre en volant.

Le chardonneret aime beaucoup les chardons, d'où lui en vient son nom : on le trouve presque toujours perché sur les chardons à bonnetiers, dont il mange les graines : il vole aussi sur le grand trèfle et en mange la semence : il becquète, pour se nourrir, la tête du pavot ; il en tire très-bien la graine : il aime encore celle de laitue, de chou et de chanvre. Il fait son nid sur les arbres, les buissons et les épines ; mais il choisit par préférence les endroits où il y a beaucoup de chardons et diverses espèces de graines qui tombent sur terre après l'hiver, ou qui restent dans leurs enveloppes sur de vieilles tiges. Le nid est petit, rond et construit dans la dernière perfection : il est fait de mousse, de laine, et garni en dedans de toutes sortes de poils. La ponte du Chardonneret n'est que de quatre ou cinq œufs. Il couve jusqu'à trois fois par année, en mai, juin et août. La dernière couvée est la meilleure. Si l'on prend au trébuchet le père et la mère pour les mettre en cage avec leurs petits, ils deviennent sur-le-champ familiers, oublient leur captivité, et ne songent qu'à élever leurs petits, comme s'ils jouissaient d'une liberté entière.

Le Chardonneret s'accouple facilement avec la femelle du serin, et ce n'est ni par la conformité du chant, et encore moins par celle du plumage, que cet accouplement a lieu ; car l'un et l'autre en diffèrent totalement : aussi ces différences ne caractérisent-elles pas les genres ; mais ces oiseaux s'accouplent ensemble, parce que les uns et les autres dégorgent leur manger dans le bec de la femelle, la mettent ainsi en amour, et deviennent ensuite plus propres à nourrir leurs petits, au lieu que le pinson, par exemple, ne peut jamais s'accoupler ni avec le serin,

ni

ni avec le chardonneret, ni avec aucune espèce d'oiseaux qui dégorgent,
parce qu'il porte la béquée à sa femelle lorsqu'elle couve, et qu'il nourrit ainsi ses petits. Cela doit servir de
règle pour tous les oiseaux qu'on veut
accoupler.

Pour avoir de beaux mulets de chardonnerets et de serins, il faut que la
femelle soit toute blanche ou jonquille,
et que le mâle soit un chardonneret de
la grosse espèce. Lorsqu'on les destine
à cet usage, il est essentiel de les sevrer
de chenevis, et de les accoutumer au
millet et à la navette, qui est la nourriture ordinaire des serins, et qui de-
vrait être celle de toutes ces sortes d'oiseaux, surtout si on y mêle de la graine
d'alpiste.

Pour élever les jeunes chardonnerets, il faut les prendre dans le nid,
lorsque leurs plumes sont entièrement
poussées, et on les nourrira ensuite de
la manière suivante : on prendra des
colifichets, des amandes mondées et de
la semence de melon ; on pilera le tout
ensemble, et on en fera une pâte : on
pourra encore faire la pâte avec des

noix et un peu de massepain; on fait avec ce mélange des boulettes comme de petits grains de vesce : on les présente une à une au bout d'une brochette aux petits; on en donne de suite trois ou quatre à chaque petit oiseau. A l'autre bout du bâton on a un peu de coton, on le trempe dans de l'eau, et on le présente ensuite à l'oiseau. Quand les petits chardonnerets commencent à manger seuls, on leur donne du chanvre broyé avec de la graine de melon et de panis; et, quand ils seront forts, on leur donnera pour unique nourriture du chenevis.

Les meilleurs chardonnerets à élever sont **ceux** du mois d'août, ainsi que nous l'avons déjà observé, et principalement ceux qui se couvent dans les nids faits sur des pruniers et dans les broussailles, ou sur les orangers. On a observé que plus les chardonnerets sont niais étant jeunes, meilleurs ils sont pour être élevés en cage. Si on met ces jeunes chardonnerets auprès d'une linotte, d'un serin et d'une fauvette, leur chant se coupe par sa variété : il forme une espèce de petit chœur. Des Chardonnerets élevés en cage y ont vécu jusqu'à vingt ans ; cela dépend du bon soin qu'on en prend.

On prend ordinairement les Chardonnerets au trébuchet ou à la pipée, ou aux rets saillans (1).

Le Chardonneret est sujet à une maladie très-violente et dangereuse, puisque souvent en moins d'un demiquart-d'heure il en meurt. On appelle cette maladie *mal caduc ;* quand elle lui prend, il tombe après avoir fait quelques mouvemens fort précipités , tout étendu dans sa cage, les deux pattes en l'air et les yeux renversés ; si on ne lui apporte un prompt et souverain secours, il rend les derniers soupirs.

De tous les remèdes qu'on lui peut faire, il n'y en a point de plus sûr, ni qui réussissent mieux, que de le prendre promptement et de lui couper, avec de bons ciseaux, l'extrémité de ses ergots, surtout ceux qu'il a derrière : il en sort quelques gouttes de sang ; on

____

(1) Voy. *le Traité de la chasse aux oiseaux,* chez Audot, rue des Mathurins-St.-Jacques.

lui lave ensuite les pattes plusieurs fois dans du bon vin blanc tiède, si c'est en hiver; on lui en fait avaler aussi quelques gouttes, en y mettant un peu de sucre fondu. Par le moyen de ce remède, l'oiseau malade, qui était comme agonisant, reprend de nouvelles forces, et se trouve en peu d'heures dans une santé aussi parfaite que celle dont il avait joui auparavant. Quant aux autres maladies du chardonneret, qui sont l'épilepsie, la mélancolie, nous n'en ferons pas mention dans ce chapitre; nous en traiterons dans celui qui traite des maladies des oiseaux en général.

LE TARIN.

Le Tarin est un petit oiseau vif, alerte: il a beaucoup de rapport avec le chardonneret; il est du même genre, mais il est plus petit. Il a le sommet de la tête gris, piqueté de noir, le derrière du cou et le dos marqué de noir, la queue et les ailesnoires, avec des lignes blanches jaunâtres, les joues, le devant du cou, la poitrine d'un jaune citron, le ventre blanc sale, tiqueté de noir, les jambes couleur de chair. La femelle a cette différence, que ses joues, le devant de son cou et sa poitrine sont olivâtre - clair, au lieu que le mâle a ces parties jaunes. Cet oiseau est de passage : il arrive au mois d'octobre, et s'en retourne au printems ; il n'en reste pas dans nos campagnes.

Le chant du tarin est très-agréable, lorsqu'il est mêlé avec celui des autres oiseaux ; mais seul il ne satisfait pas, parce qu'il a une phrase assez courte, et qu'il répète souvent la même chose. On lui a donné le nom de Tarin pour faire allusion à son chant. Les Italiens l'appellent *verzellino* ou *verdarino*, à cause de sa couleur qui tire sur le vert. Olina regarde le tarin comme un oiseau indigène à l'Italie. Cet oiseau a coutume de faire son nid, non - seulement à la campagne, mais encore dans les jardins, sur les arbres touffus, particulièrement sur les cyprès : il le fabrique avec de la laine, du crin et de la plume. Sa ponte est de quatre ou cinq œufs. Frisch place le tarin dans la famille des linotes : il le nomme *linote verte*. Il est très-aisé de le rendre privé, comme il aime toujours à boire, on pourra l'apprivoiser, de même que le chardonneret, pour tirer en haut le vaisseau où il boit.

Salerne conjecture que les tarins aiment le froid, et que, trouvant notre climat trop chaud, ils vont faire leurs petits en Piémont et dans les montagnes des Alpes ou des Pyrénées ; et la raison qu'il en donne, c'est que ces oiseaux arrivent par bandes en automne, et qu'ils s'en vont de même au premier printems.

Il faut, quand on veut élever de jeunes tarins, ne les prendre dans leurs nids, que lorsque leurs plumes sont bien poussées : il est même à propos d'enlever tout à la fois le nid avec les petits ; et, quand on ne le fait pas, il faut en substituer un artificiel avec de la laine ou du foin : on leur donnera pour aliment le même que celui qu'on donne aux jeunes chardonnerets. Quand ils seront forts, leur nourri-

1. SÉNÉGALI, *4 pouces.*   3. BENGALI, piqueté, *4 pouces.*

2. BENGALI, *4 pouces ½.*   4. TARIN, *5 pouces.* (*Voyez page 5a.*)

ture ordinaire sera du chenevis ou du panis.

Cet oiseau vit quatre ou cinq ans.

LES BENGALIS
ET LES SÉNÉGALIS.

Les noms de bengalis et de sénegalis sont improprement donnés à ces petits êtres, puisqu'ils se trouvent également répandus dans la plus grande partie de l'Asie et de l'Afrique, et même dans plusieurs îles adjacentes, telles que les îles de France et de Bourbon. On doit même s'attendre à en voir en Amérique, où ils pourront très-bien se naturaliser.

Les bengalis s'apprivoisent aisément; ils ont beaucoup de vivacité et cependant des habitudes très-douces ; on en peut nourrir plusieurs dans la même cage, sans qu'ils se nuisent les uns aux autres ; ils semblent au contraire se chercher, et les mâles aimer à se tenir

près des femelles, sans que leur pas-
sion soit assez développée pour exciter leur jalousie. Leur chant est faible,
et ne manque cependant pas d'agrément. On en apporte souvent dans
nos climats ; il en périt beaucoup en
route ; mais ceux qui ont échappé aux
dangers du voyage , et qui se sont
habitués au climat par quelques mois
de séjour en Europe , vivent assez ordinairement sept à huit ans. Leur nourriture ordinaire est le millet et la graine
d'alpiste.

Comme ils ont les mœurs très-douces
et très-sociables, ils nichent en France,
et même en Hollande ; sans doute on
réussirait à les faire nicher dans des
contrées encore plus froides.

Ces oiseaux sont très-portés à l'a-
mour ; ils se caressent souvent : les
mâles chantent tous à la fois, per-
chés près de leurs femelles, et mettent
de l'ensemble dans cette espèce de
chœur. Le chant des femelles ne diffè-
rant de celui des mâles que par sa
faiblesse, est un surcroît d'agrément à
leur concert.

Comme les mœurs de ces petits

musiciens sont à peu près les mêmes,
et qu'ils n'ont d'ailleurs rien d'intéressant que les formes et les contours,
que le jeu des nuances fugitives des
couleurs qui se succèdent, se mêlent
et s'éclipsent, surtout dans l'action,
nous donnerons de chacun d'eux, pour
les faire connaître, leur portrait, et
voici les noms de ceux qui sont venus
à notre connaissance : *le Bengali bleu,
le Bengali piqueté, le Sénégali, le Sénégali cou-coupé.*

Nous croyons qu'il y a de la variété
dans l'espèce, suivant les cantons d'où
l'on transporte ces oiseaux ; car nous en
avons vu de plus gros d'un tiers les uns
que les autres ; ceux-ci sont d'un ton de
couleur plus foncé et leur rayure est plus
fortement exprimée ; la couleur des
plus petits est plus uniforme. Le sénégali est un oiseau très-joli par sa vivacité, la propreté de son plumage,
soigné et peigné ; il est continuellement en mouvement ; il a un chant
très-fort pour un aussi petit oiseau :
ce chant est un peu glapissant, mais
les tons en sont vifs et gais. Le sénégali
se fait entendre surtout le matin ; on

ne le nourrit que de millet et de mouron, qu'il aime beaucoup ; il se baigne
tous les jours, souvent plusieurs fois
dans la matinée.

LE SERIN.

Le serin nous a été apporté dans ces
derniers tems des îles Canaries ; il s'est
naturalisé dans notre climat, ou pour
mieux dire, il y est devenu un oiseau
domestique. Tout le corps de cet
oiseau est couvert de plumes blanches
à leur origine, et d'une belle couleur
de citron vers le bout ; en sorte cependant
qu'il n'y a que cette dernière
couleur qui paraît quand elles se trouvent couchées les unes sur les autres.
La femelle diffère du mâle par sa
couleur, qui est d'un jaune pâle. La
couleur de ses oiseaux varie cependant
beaucoup, et on leur donne en conséquence de leur variété différens noms.

Variétés et espèces.

Nous les allons tous désigner en

commençant par les plus communs et en finissant par les plus rares : Serin *gris commun ;* Serin *gris, aux duvets et aux pattes blanches ,* qu'on appelle race de panachés ; Serin *gris à queue blanche ,* race de panachés ; Serin *blond commun ;* Serin *blond aux yeux rouges ;* Serin *blond doré ;* Serin *blond aux duvets ,* race de panachés ; Serin *blond à queue blanche ,* race de panachés ; Serin *jaune commun ;* Serin *jaune aux duvets ,* race de panachés ; Serin *jaune à queue blanche ,* race de panachés ; Serin *agathe commun ;* Serin *agathe aux yeux rouges ;* Serin *agathe à queue blanche,* race de panachés ; Serin *agathe aux duvets ,* race de panachés ; serin *isabelle commun ;* serin *isabelle aux yeux rouges ;* serin *isabelle doré ;* serin *isabelle aux duvets ,* race de panachés ; serin *blanc aux yeux rouges ;* serin *panaché commun ;* serin *panaché aux yeux rouges ;* serin *panaché de blond ;* serin *panaché de blond aux yeux rouges ;* serin *panaché de noir ;* serin *panaché de noir jonquille aux yeux rouges ;* serin *panaché de noir jonquille et régulier ;* serin *plein ,*

qui est le plus rare ; Serin *à huppe.*
Tels sont les différens noms que les
curieux donnent aux variétés de ces
oiseaux.

Il y a en Italie une espèce de serin
qui approche très-fort de celle des serins de Canarie ; sa forme, sa couleur,
son aliment et son chant, sont à peu
près les mêmes, à la différence seulement que cet oiseau a le corps un peu
plus petit, et que son chant n'est ni si
beau ni si clair.

Apologie du serin.

Le serin l'emporte sur tous les oiseaux par la douceur et la mélodie de
son ramage, par la beauté et la richesse
de son plumage, par la douceur de
son caractère, par la facilité qu'on a
de l'apprivoiser et de lui apprendre à
parler et à siffler. L'étymologie de son
nom vient de *Syrène ;* parce qu'on
prétend que cet oiseau a le chant aussi
mélodieux que celui des syrènes ; car
de même que les syrènes, dit Belon,
endormaient les marins par la douceur
de leurs chants, ainsi et de même le

serin chante à ravir et à charmer les cœurs.

Le Serin peut vivre depuis dix jusqu'à quinze ans ; mais il faut qu'on en ait bien soin.

Salerne rapporte une histoire singulière au sujet d'un Serin et d'un chat : il dit avoir vu à Paris ce dernier, qui, tous les matins, à l'ordre de sa maîtresse, miaulait pour appeler le Serin, qu'elle avait accoutumé à ce manége ; on ouvrait la cage, le Serin volait à la tête du chat, où il chantait à gorge déployée ; ensuite le chat baisait l'oiseau, et l'on donnait à déjeuner à l'un et à l'autre.

On ne peut voir sans étonnement, dit Valmont de Bomare, ce que la patience, et des soins assidus, sont capables de produire sur quelques-uns de ces animaux ; et pour le prouver, cet auteur rapporte qu'en 1761 il y avait à la Foire Saint-Germain un serin qui connoissait parfaitement toutes les couleurs, et savait assortir toutes les nuances de toutes les étoffes qu'on lui montroit. Il formoit ensuite avec des caractères détachés tous les mots que les spectateurs demandaient. Il marquait aussi très-exactement avec des chiffres qu'il allait choisir, l'heure et les minutes d'une montre. Il faisait aussi les quatre règles de l'arithmétique avec les fractions.

Ponte.

La serine pond cinq à six œufs d'une couvée ; c'est la femelle qui est ordinairement chargée de la couvaison ; et, quand le mâle est bon , il a soin de lui porter à manger , ce qui n'arrive pas cependant toujours : pour lors la femelle est obligée de quitter son nid de tems à autre pour fienter et pour prendre de la nourriture.

Dans tous les pays de l'Europe on se fait un amusement d'élever des serins; on les fait non-seulement couver ensemble dans des volières , mais on les accouple avec d'autres oiseaux d'un genre approchant, et on en obtient une espèce bâtarde , à laquelle on donne le nom de mulet.

Heure de la ponte.

Ceux qui font nicher des serins

ont toujours observé que la femelle pond son œuf sur les six heures du matin, et qu'elle ne passe jamais sept heures, à moins qu'elle ne soit malade, ou que l'œuf ne puisse sortir à cause de sa grosseur, ou parce qu'il est sans coquille ; et dans ce cas il faut faciliter son espèce d'accouchement.

Ils ont encore observé que les petits éclosent à la même heure que les œufs ont été pondus.

Serins mulets.

Les mulets ont pour l'ordinaire la tête et la queue du père ; mais ils sont tous inférieurs, comme provenans de différens genres. Les genres avec lesquels on apparie ordinairement le serin, sont le bruant, le pinson, la linote et surtout le chardonneret.

Observations sur les serins mulets.

Sprengel a fait plusieurs observations sur les serins mulets : il a suivi à cet effet très-exactement la multiplication des oiseaux qui provenoient de l'accouplement des Serins avec les chardonnerets, et cet oiseleur assure que les mulets provenus de ces oiseaux, ont multiplié entre eux et avec leurs races paternelles et maternelles : les preuves qu'il en donne ne laissent même rien à désirer à ce sujet, quoiqu'on ait toujours regardé avant lui les serins mulets comme stériles. Ceux-ci ont la voix beaucoup plus forte que les Serins ordinaires. Ils ont cependant tous en général la voix douce et perçante : ils la soutiennent encore long-tems sans perdre haleine. Ils peuvent aussi la baisser et l'élever de tems en tems par différentes inflexions, avec lesquelles ils font une mélodie fort agréable. Quand on les instruit dès leur tendre jeunesse, ils apprennent aisément des airs de flageolet et de serinette, qu'on est charmé de leur entendre répéter.

Nourriture.

On nourrit les serins avec du chenevis, du millet, de la navette et de l'alpiste. Le mouron les réjouit beaucoup et les maintient en santé.

Serins d'Allemagne.

On vante beaucoup les serins d'Allemagne : ils surpassent ceux de Canarie par leur beauté et leur chant. Ils ne sont jamais sujets à s'engraisser, leur grande vigueur et la longueur de leur ramage étant à ce qu'on prétend un obstacle à ce qu'ils deviennent gras. On élève ces espèces de serins dans des cages ou dans des chambres préparées et exposées au levant : ils y couvent trois fois l'année depuis le mois d'avril jusqu'au mois d'août.

Formes des cages.

Mais revenons aux serins de Canarie ; examinons d'abord quelle doit être la forme de leurs cages. Hervieux, auteur d'un traité sur les serins, prétend que pour avoir de bonnes cages, il faut qu'elles soient faites de bois de noyer bien sain, et non de bois de sapin, à cause des mites et des punaises qui pourraient s'y ramasser. Pour celles de hêtre, on pourrait en faire usage à défaut de celles de noyer. Elles doivent être garnies de fil d'archal, et avoir deux portes pour faciliter aux serins le passage d'une cage dans une autre, sans qu'on soit obligé

de les toucher : on ouvre les deux portes, on passe ou on fait semblant de
passer sa main par la porte qui est
devant soi ; les oiseaux voyant l'autre
porte ouverte à l'extrémité de la cage
ouverte, courent à l'instant dans l'autre cage que l'on présente à côté de
la leur, et par ce moyen on les fait
passer et repasser autant qu'on aura
besoin, soit pour nettoyer leurs cages,
soit pour d'autres choses qui survien-
nent, sans les toucher ni les effaroucher :
on peut même, en rapprochant toutes
les cages les unes auprès des autres,
en faire une volière parfaite. Pour ce
qui est des cages les plus commodes,
ce sont celles qui sont longues, moins
larges et fort élevées ; l'oiseau qui habite une pareille cage n'est point sujet
à s'étourdir, ayant de quoi voler par
la hauteur et se promener par la longueur. Il devient même par là plus fort
et plus robuste.

Tems de l'accouplement.

On ne peut pas déterminer ici le
tems propre pour l'accouplement des
serins ; il faut se diriger sur la saison :

il y a des années plus avancées les unes que les autres ; quand le soleil commence à faire sentir ses rayons, et lorsque les froids et les gelées commencent à disparaître , on pourra se préparer à accoupler ses serins : on prend à cet effet une cage bien nettoyée ; on y met un serin mâle avec la femelle qu'on lui destine : ils se connaissent et s'appareillent plus promptement dans une petite cage , qu'ils ne font dans une grande. On prendra garde de ne pas faire comme certaines personnes, en mettant deux mâles ou deux femelles ensemble ; faute d'avoir séparé de bonne heure les mâles d'avec les femelles , on les confond souvent lorsque le tems de l'accouplement arrive : quand on aura laissé pendant huit ou dix jours sa paire de serins dans une petite cage , et quand on connaîtra qu'ils sont bien appareillés, on les lâchera pour lors dans la cage qu'on leur destine, et on l'exposera au levant préférablement à tout autre endroit. Si on appareille un mâle gris avec une femelle grise, on doit s'attendre à avoir des serins gris.

Il en est de même des mâles blonds,
isabelles , agathes , jaunes, accouplés
avec des femelles de la même couleur :
ils ne peuvent produire des serins que
de la même espèce ; mais si on entre-
mêle ces espèces, l'on réussit à en avoir
souvent de très-beaux et de très-rares.
Il n'est pas toujours nécessaire d'avoir
des serins panachés pour en avoir de
beaux ; il suffit seulement qu'ils sortent
de panachés, pour que leurs descen-
dans soient souvent plus beaux que
s'ils provenaient directement de panachés. Pour en avoir de très-beaux , il
faut assortir un mâle panaché de
blond avec une femelle jaune, queue
blanche , ou bien un mâle panaché
avec une femelle blonde queue blanche ou autre, excepté seulement la
femelle grise queue blanche ; et, lorsqu'on veut se procurer un beau jonquille, il faut mettre un mâle panaché de noir avec une femelle jaune
queue blanche.

Matière propre aux nids.

On présente ordinairement aux serins pour faire leurs nids de la bourre,

du foin, de la mousse, du coton haché,
du gros chanvre, ou filasse de chiendent; mais de toutes ces différentes
choses, il n'y en a qu'une ou deux,
dont ces oiseaux peuvent valablement
se vervir pour faire leur nid. Rien n'est
meilleur que le petit foin fort délié
et menu pour faire le corps du nid
des serins; mais il faut encore avoir
attention que ce foin soit cueilli et
séché au soleil bien auparavant que de
leur présenter. Quand le nid est presque fait, on peut leur donner une petite pincée de mousse bien séchée au
soleil, et autant de bourre. Il se trouve
chez les faiseurs de vergettes un chiendent qui leur est tout-à-fait propre :
on prend le plus délié; on le secoue
bien pour en faire sortir la poussière;
et, quand on veut mieux faire, on le
lave et on le fait sécher au soleil; après
quoi on le coupe et on l'éparpille
dans la cage : le chiendent peut suffire
seul pour faire le nid, et ce qu'il y
a de meilleur dans cette manière, c'est
qu'en le lavant dans de l'eau bouillante, on peut encore le leur donner
de rechef pour faire un autre nid.

Endroits propres à faire le nid.

On peut donner aux serins trois sortes de choses pour poser leurs nids, des petits paniers d'osier, des sabots de bois et des sabots de terre. Les premiers sont cependant de beaucoup préférables. Il faut s'en tenir, selon l'ancien usage, aux paniers d'osier ; encore ne faut-il pas qu'ils soient trop grands. On ne donnera d'abord qu'un panier à la fois, pour que ces oiseaux ne s'avisent pas de porter tantôt dans un panier, tantôt dans un autre. Douze jours seulement après que les petits sont éclos, on en mettra un de l'autre côté, parce qu'alors ces oiseaux font leur second nid, quoiqu'ils nourrissent leurs petits. On ferait cependant mieux de leur donner leurs nids tout faits, surtout pour le second, le troisième et le quatrième.

Nourriture des jeunes serins.

La nourriture des serins est un article auquel les curieux doivent principalement s'attacher ; car ce qui est propre à ces oiseaux dans une saison, devient souvent un poison dans une autre. Lorsque les serins seront en état de manger seuls, on leur donnera pour nourriture ordinaire de la navette, du millet et du chenevis; mais on mèlan-gera ces graines de façon que, sur un demi-litron de chenevis et un litron. de millet, on y mettra six litrons de navette bien vannée.

Quand les serins sont accouplés et mis en cage, on leur donne outre les graines indiquées ci-dessus, un colifichet ou du biscuit dur, surtout lorsqu'on s'aperçoit que la femelle est prête à pondre. On leur donnera encore pendant les huit premiers jours qu'ils sont en cage, beaucoup de laitue : cela les purge.

Gouvernement des serins lorsqu'ils sont petits.

Le tems le plus difficile de gouverner des serins, c'est quand ils sont petits: La veille que les petits doivent éclore, ce qui est le treizième jour depuis celui que la femelle couve, on change le sable fin et tamisé qu'on a eu la précaution de mettre dans leur

cage dès le moment même qu'on les y
a fait entrer : on nettoie tous les bâtons ;
on remplit l'auget de graine, après
avoir ôté celle qui y était : on leur met
aussi de l'eau fraîche dans leur plomb
bien net, et tout cela afin de ne les
point tourmenter les premiers jours
que les petits naissent. Tant que le
colifichet ou le biscuit dureront, on
ne leur en donnera point d'autre ;
mais, pour la nourriture suivante, on
la leur renouvellera deux ou trois fois
par jour, surtout pendant les grandes chaleurs. Cette nourriture consiste dans un quartier d'œuf dur, blanc
et jaune haché fort menu, et dans un
morceau de colifichet trempé dans de
l'eau ; on met dans une tasse de la
graine ordinaire qu'on aura trempée
environ deux heures auparavant : on en
jette l'eau ; et pour mieux faire encore,
on donnera à cette graine un bouillon :
on la rincera ensuite dans une eau fraîche pour lui ôter toute sa force et son
âcreté. On leur donnera en outre de
la verdure, mais en petite quantité,
telles que du mouron, du séneçon, et,
à défaut de ces plantes, un cœur de
laitue

laitue pommée, un peu de chicorée et un peu de plantain bien mûr. On leur présentera de la nouvelle nourriture trois fois par jour, le matin à cinq ou six heures, à midi et vers les cinq heures du soir, et on leur ôtera la vieille, de peur qu'elle ne soit aigrie. Il faut leur donner pour nourriture, ce que le mâle aime par préférence, et même ne rien épargner. Il n'y a que la verdure qu'on ne doit leur donner qu'avec précaution. Un petit morceau de réglisse dans leur boisson y fait très-bien ; cela vaut mieux que du sucre. Pendant les grandes chaleurs, il ne faut pas oublier de leur donner de l'eau fraîche dans une petite cuvette pour se baigner : cela leur est très-salutaire.

Manière d'élever les serins à la brochette.

On est quelquefois obligé de nourrir les petits serins à la brochette, soit pour maladie de la femelle , soit pour quelques autres causes, sur-tout lorsqu'on veut leur apprendre des airs de serinette ou de flageolet : quand c'est seulement pour ce dernier cas qu'on veut les élever ainsi; il faut qu'ils soient assez forts pour les ôter de dessous la mère, sans cependant qu'ils le soient trop. On ne les sévrera donc de leur mère, quand ils sont d'une race délicate, qu'au quatorzième jour, et au douzième jour s'ils sont plus robustes. On leur préparera pour nourriture une des deux pâtes suivantes : on mettra dans un mortier, ou sur une table unie, en deux ou trois fois, un demi-litron de navette bien sèche et bien vannée ; on l'écrasera avec un rouleau de bois, en le roulant et déroulant plusieurs fois, de façon que la navette se trouvent bien broyée, on puisse en faire sortir l'écaille pour qu'elle reste nette : on y ajoute un colifichet réduit en poudre, et un biscuit; tout cela étant mêlé, on le met dans une boîte neuve de chêne, et on la pose dans un lieu qui ne soit point exposé au soleil. On prendra de cette poudre une cuillerée ou plus, selon le besoin ; par ce moyen on trouve dans le moment la nourriture de ses serins faite, en y ajoutant un peu de jaune

d'œuf et une goutte d'eau pour hu-
mecter le tout ensemble : mais, après
vingt jours que cette mixtion pulvérisée est faite, il ne faut plus leur en
donner , parce que la navette s'aigrit.
Quand, passé ce tems il en reste, il faut
la donner aux pères et mères.

La nourriture suivante paraît plus
profitable. Les trois premiers jours
qu'on commence à donner la becquée
aux serins, on prend un morceau de
colifichet, auquel on ajoute un très-
petit morceau de biscuit : ils doivent
être l'un et l'autre très-durs ; on les réduit en poudre : on y met ensuite une
moitié ou plus , s'il est besoin, de jaune
d'œuf, que l'on détrempe avec un peu
d'eau, le tout bien délayé ; en sorte
qu'il ne s'y trouve aucun durillon.
On aura soin que la pâte ne soit pas
trop liquide ; quand l'œuf dur est frais,
le blanc peut aussi bien se délayer que
le jaune , les petits n'en sont pas si
échauffés. Après que les trois premiers
jours sont écoulés , on ajoute à ce
composé une pincée de navette bouillie, sans être écrasée ; mais on aura
attention de la laver dans de l'eau fraî-

che, après qu'elle aura fait un bouillon ou deux. On leur donnera aussi de tems en tems une amande douce pelée et bien pilée, qu'on confondra avec leur pâte. Quelquefois aussi, lorsqu'on s'aperçoit que les petits sont bien échauffés, on leur mettra une petite pincée de graine de mouron, la plus mûre qu'on puisse trouver. On fera ce composé deux fois par jour dans les grandes chaleurs, de peur qu'il ne s'aigrisse. Si les petits serins deviennent malades pendant le tems qu'on les élève ainsi, ce qui peut fort bien arriver; on prendra pour lors une poignée de chenevis; on le lavera et, après l'avoir écrasé dans une seconde eau, on l'exprimera fortement dans un linge blanc, et on se servira de cette eau, qu'on appelle lait de chenevis, pour linifier le composé ci-dessus indiqué. On peut jeter aussi de tems en tems aux serins de la mie de pain dans leurs volières, pourvu qu'elle ne soit pas tendre.

Mais ce n'est pas assez de savoir faire la pâte propre aux serins, il faut encore savoir leur refuser et leur donner leur

nourriture à propos. Voici donc les règles qu'on suivra : la première fois on
leur donnera à six heures et demie du matin au plus tard ; la seconde fois à huit
heures ; la troisième, à neuf heures et
demie; la quatrième, à onze heures ;
la cinquième, à midi et demie; la
sixième, à deux heures ; la septième,
à trois heures et demie; la huitième, à
cinq heures ; la neuvième, à six heures et demie; la dixième, à huit heures : la onzième et dernière fois à neuf
heures. Cette dernière becquée n'est
pas cependant absolument nécessaire.
On la donnera avec une petite brochette de bois bien unie et mince par
le bout. On donnera aux petits serins
à chaque fois environ quatre ou cinq
becquées; ensorte que leur jabot ne
se trouve pas trop bouffi, car ils pourraient fort bien étouffer.

Tems où il faut cesser de donner la becquée.

A vingt-quatre ou vingt-cinq jours
on cessera de leur donner la becquée,
sur-tout lorsqu'on les verra éplucher
assez bien. Pour les jonquilles et aga-

tes, on continuera de le faire jusqu'à trente jours. On les met, quand ils commencent à manger seuls, dans une cage sans bâtons : on aura un peu de petit foin ou mousse bien sèche au bas de la cage, et on leur donnera pour nourriture pendant le premier mois qu'ils mangent seuls, du chenevis écrasé, du jaune d'œuf dur, du colifichet ou du biscuit sec ou râpé, un peu de mouron bien mûr, et de l'eau dans laquelle il y ait un peu de réglisse. On placera tout cela au milieu de la cage. On mettra aussi de la navette sèche dans leur mangeaille.

Manière de distinguer le mâle d'avec la femelle.

Il s'agit actuellement de distinguer les serins mâles d'avec les femelles ; la chose n'est pas si facile qu'on se l'imagine : une règle cependant certaine, c'est que le serin mâle a une espèce de feu jaune sous le bec, qui descend beaucoup plus bas qu'à la femelle, et qu'il a les tempes fort dorées. De plus le mâle a la tête un peu plus grosse et un peu plus longue ; d'ailleurs il est d'ordinaire plus haut monté que la femelle : le serin mâle est en outre plus haut et plus vif en couleur que la femelle. Enfin le mâle commence à gazouiller presqu'aussitôt qu'il mange seul. Mais, après que la première mue la quitté, on entend le mâle qui ne faisait que gazouiller auparavant, faire connaître par son chant ce qu'il est, sans qu'on puisse en douter.

Manière de distinguer les vieux d'avec les jeunes.

Si on veut actuellement connaître les vieux serins et les distinguer d'avec les jeunes, on y peut parvenir de trois façons ; la force, la couleur et le chant sont les signes auxquels il faut s'attacher. Tout serin vieux a la couleur bien plus foncée et plus vive dans son espèce qu'un jeune : ses pattes sont rudes et tirant sur le noir, surtout s'il est gris ; d'ailleurs il a les ergots plus gros et plus longs que les jeunes. Les serins vieux, après avoir passé deux mues, sont aussi plus forts, plus vigoureux et en meilleure chair que les

jeûnes. Leur chant est aussi plus fort et
dure plus long-tems.

*Précautions à prendre lorsqu'on veut
apprendre à siffler aux serins.*

Quand on veut instruire un serin au
flageolet, on le met dans une cage sé-
parée huit ou quinze jours après qu'il
mange seul : si quinze jours après il
commence à gazouiller, ce qui prouve
qu'il est un mâle, on le sépare aussitôt des autres, et on le met dans une
cage couverte d'une toile fort claire
pendant les premiers huit jours, on le
place dans une chambre éloignée de
tout autre oiseau, en sorte qu'il ne
puisse entendre aucun ramage ; après
quoi on joue de la serinette, ou d'un
flageolet dont les tons ne soient pas
trop élevés. Ces quinze jours écoulés,
on change cette toile claire, pour y
substituer une serge verte ou rouge
bien épaisse, et on laisse l'oiseau toujours dans cette situation, jusqu'à ce
qu'il sache parfaitement son air. Quand
on lui donne de la nourriture, qui
doit être pour deux jours au moins,
il ne faut la lui donner que le soir et

non pendant le jour, pour qu'il ne se
dissipe pas, et qu'il apprenne plus vite
ce qu'on lui enseigne. Trop d'airs ou
des airs trop longs peuvent s'oublier
très-facilement. Ces oiseaux n'apprennent pas tous aussi aisément : les uns
se déclarent au bout de deux mois,
et à d'autres il en faut plus de six.

Accidens qui peuvent survenir lorsqu'on les veut faire couver.

. Il arrive quelquefois qu'un serin
mâle tombe malade, lorsque sa femelle a le plus besoin de lui, comme
quand elle va pondre ses œufs, ou
lorsque ses petits ont déjà sept ou huit
jours, qui est le tems où un bon serin
mâle doit décharger la femelle du soin
de nourrir ses petits, afin qu'elle se
repose. Si le serin est donc atteint
pour lors de maladie, on ne perdra
point de tems, on le mettra dans une
petite cage. On examinera alors, autant qu'on le pourra, quelle est la
maladie dont il est attaqué; et, après
l'avoir reconnue, on y apportera
promptement les remèdes qui lui conviennent, selon que nous l'explique-

rons ci-après. On commencera par mettre le serin malade au soleil ; on lui soufflera un peu de vin blanc sur le corps, remède qui convient à toutes les maladies. On lui donne ensuite les remèdes appropriés au genre du mal : s'ils n'opèrent point, si au contraire la maladie du serin empire, et si la femelle commence à se chagriner de l'absence de son mâle, on songera pour lors à lui procurer un autre mâle, pour substituer à la place du malade. Le remède infaillible pour la première maladie du mâle, est huit ou dix jours de repos, et pour la seconde, de lui faire faire diète pendant plusieurs jours, afin de le dégraisser, en ne lui donnant pour toute nourriture que de la navette. Peu de jours après on remettra le serin avec sa femelle ; il sera comme à son ordinaire gai et réjoui ; mais s'il retombe malade, il faut le retirer, et ne plus le remettre quoiqu'il en guérisse ; car c'est une preuve d'une trop grande délicatesse.

On en peut dire autant de la femelle : si elle devient malade quand elle couve ses œufs, il faut, en la retirant de sa cage, lui ôter aussi ses œufs, et les donner au plus tôt à d'autres femelles qui couvent à peu près dans le même tems. Si elle devient malade après que les petits se trouvent éclos, on examinera s'ils sont assez forts pour les élever à la brochette; et en cas qu'ils ne le soient pas assez, on les donnera à une femelle qui aura des petits de la même force, quoique le mâle pût et voulût les nourrir.

Accidens qui arrivent aux œufs.

Il arrive encore dans la ponte des serins, des accidens faute de précaution. Une femelle s'avise de pondre son œuf dès le grand matin dans un petit coin de la cage : celui qui est chargé du soin de ces oiseaux, vient dès le matin nettoyer la cage ; il ne s'aperçoit pas de l'œuf, et il le casse : aussi dès qu'on ne trouvera pas dans le nid l'œuf qu'on attendait la veille, on cherchera pour lors avec les yeux plutôt qu'avec la main dans tous les coins et recoins de la cage, s'il n'y est pas. Quand on le trouve, on le prend délicatement avec deux doigts

par ses deux extrémités ; il sera moins
en risque d'être cassé qu'en le prenant
par le milieu, et on le place dans lé
nid.

*Maladies qui arrivent aux femelles
dans le tems de leur ponte.*

Les femelles, dans le tems de leur
ponte, sont sujettes à une maladie fort
grave, dont voici les symptômes : on
les voit bouffies en un moment, ne
voulant plus manger : quelquefois
même elles sont si malades, que, ne
pouvant se tenir sur leurs pattes, elles
se renversent sur le sable ; si on ne les
secourt promptement, elles meurent
bien vite. Cela leur arrive pour l'ordinaire lé soir ou dès le grand matin :
lorsqu'on s'en aperçoit, on prend
dans sa main la femelle malade ; et
après s'être bien assuré que sa maladie
est la ponte, on lui met avec la tête
d'une grosse épingle de l'huile d'a-
mande douce, aux conduits de l'œuf ;
cela dilatera les pores, et l'œuf passera
aisément : mais si cela ne suffit pas,
on lui fera avaler quelques gouttes de
cette même huile ; cela lui apaisera

les tranchées et les douleurs aiguës
qu'elle ressent ; on la laissera dans une
petite cage garnie de menu foin ; on
la mettra au soleil ou devant le feu,
jusqu'à ce qu'elle ait rattrapé sa première vigueur. On lui donnera de la
bonne nourriture, telle que la graine
bouillie, du biscuit, du colifichet ; et,
quand, malgré toutes ces bonnes nourritures, elle a de la peine à revenir, on
lui souffle quelques gouttes de vin
blanc, et on lui en fait avaler un peu
de tiède, où on aura mis du sucre candi
ou autre. Les femelles ne sont ordinairement sujettes à cette maladie
que pour la ponte du premier ou du
second œuf.

Petits serins déplumés par leur mère,
et moyens d'y remédier.

Il y a de certaines femelles qui dé-
plument leurs petits à mesure que la
plume commence à leur pousser, et
c'est ordinairement sept ou huit jours
après qu'ils sont nés. On remédie à cet
inconvénient de deux manières différentes : on ôte les petits, s'ils sont assez
forts pour les élever à la brochette ; ou

bien, si on est obligé de les laisser, on les met dans une petite cage avec leur nid posé au milieu : mais il faut que les bâtons de cette petite cage soient éloignés les uns des autres à une distance convenable, pour que le père et la mère puissent nourrir leurs petits à travers les bâtons, sans les déplumer autant qu'ils feraient, s'ils n'étaient point renfermés dans cette petite cage.

Femelles qui suent.

Il arrive encore quelquefois que des femelles suent sur leurs petits quand ils n'ont que deux ou trois jours, et quelquefois même aussitôt qu'ils sont nés : on s'en aperçoit fort aisément : la femelle a pour lors les plumes de dessous le ventre et de l'estomac mouillées, ce qui empêche le duvet des petits de venir aisément. Quand les petits ont atteint six jours avant que la femelle sue, ils sont hors de danger; mais il en meurt beaucoup qui ne parviennent pas jusqu'à cet âge. Le remède le plus sûr et le plus infaillible dans ce cas, est d'ôter au plus tôt les petits de dessous la mère; et, quand on se trouve sans avoir de femelle qui aient des petits éclos à peu près du même temps, il faut chercher quelque ami qui en ait, pour les mettre avec les siens sous sa femelle, afin de les élever.

Femelles qui abandonnent leurs œufs.

On se trouve encore souvent avoir des femelles qui pondent trois ou quatre œufs à la première couvée, et qui ensuite les abandonnent. Quand cela arrive, après les avoir laissés deux ou trois jours dans le nid, pour voir si elles ne s'aviseront point de les couver, si on s'aperçoit qu'après ce temps elles n'y vont plus, si au contraire elles défont leur nid où sont les œufs, on les ôtera et on les mettra sous d'autres femelles qui couvent. Hervieux a cependant observé que souvent les œufs que ces femelles ne voulaient pas couver, se trouvaient ordinairement clairs. Il ajoute même avoir mis des œufs clairs à certaines femelles, à la place des leurs; elles les cassaient et les jetaient même hors du nid presqu'aussitôt qu'il les leur avait présentés. Ce curieux se trouvait pour lors obligé de leur en donner de faux d'ivoire pour les amuscr, jusqu'à ce que leur couvée fût entièrement finie. On ne doit cependant pas se rebuter, lorsqu'on voit une femelle abandonner ses œufs à la première couvée ; cela n'arrive ordinairement qu'à des jeunes, qui n'ont jamais couvé. Quand elles font de nouvelles pontes, elles les couvent fort assidûment ; elles nourrissent même très-bien leurs petits. Comme il peut cependant se rencontrer des femelles (ce qui est très-rare) qui ne veulent jamais couver, ou du moins qui ne veulent couver que leur dernière ponte, on les laissera toujours pondre, et on donnera leurs œufs à couver à d'autres, après les avoir néanmoins laissés dans leurs nids pendant un jour ou deux, pour voir si elles ne voudraient pas s'y attacher.

Patte cassée.

Un accident qui arrive aussi aux serins dans leurs cages, c'est de leur trouver quelquefois la patte cassée sans savoir d'où cela provient ; pour éviter cet accident, il y a deux moyens : le premier est de ne point faire de trous aux bâtons de sureau, que pour y passer la pointe d'une aiguille, car c'est ordinairement par des trous trop grands qu'on a faits au sureau que cet accident survient. Le second, c'est de ne jamais mettre les serins en cage, qu'on ait regardé auparavant s'ils n'ont pas les ongles trop grands ; dans ce cas, il faut leur en couper la moitié, mais pas plus ; car, si on les coupait trop courts, ils ne pourraient se soutenir sur leurs bâtons. On aura surtout grand soin que les bâtons soient bien stables, et qu'ils ne puissent pas tomber ; cela est de la dernière importance.

Femelle qui ne nourrit pas ses petits.

Un autre fâcheux accident qui peut encore arriver, et auquel souvent on ne s'attend pas, c'est quand une femelle ne nourrit pas ses petits, quoiqu'elle les couve cependant toujours ; lorsqu'on s'aperçoit de cela, on leur ôtera sans perdre de tems les petits, et on les donnera promptement à une autre femelle : on choisira surtout celle qui nourrit bien, et dont les petits soient à peu près de la même force que ceux qu'on lui donne. Lorsque dans une couvée il s'en trouve de moins forts que les autres, et lorsqu'on en a de pareils dans l'autre, on pourra les changer en mettant les plus forts avec les plus forts, et les plus petits ensemble.

S'il arrive qu'on ait des femelles qu'on soupçonne de ne pas vouloir nourrir leurs petits, telles que font ordinairement les agates, les blanches aux yeux rouges, quelques blondes et jonquilles, ou même quelques panachées, il faut avoir la précaution, avant que les petits sortent des œufs, de remettre ceux-ci sous des femelles grises, et on ôte les œufs de ces dernières, pour les jeter, en cas qu'on n'ait point d'autres femelles auxquelles on puisse les donner. Les amateurs donnent aux femelles grises le nom de nourrices : il suffit qu'une femelle couve depuis quatre ou cinq jours pour lui donner des œufs prêts à éclore.

Quand on se trouve à la campagne, on peut mettre les œufs de ses serins dans des nids de chardonnerets : on

peut par là être assuré d'avoir des petits serins sans la moindre peine, pourvu cependant qu'on ait la précaution
de ne point mettre des œufs de serins
qui ne soient point couvés, dans le nid
de chardonnerets où les œufs seraient
bien avancés; lors donc qu'on a découvert un nid de chardonnerets, on
commence par casser un œuf, et l'on
voit s'il est avancé, afin d'y mettre des
œufs de serins, couvés à peu près dans
le même tems. Quand les petits qu'on
y a mis ont dix ou douze jours, on les
en retire pour les nourrir à la brochette; mais, si on veut continuer de
leur faire donner à manger par les
chardonnerets, on les met dans une
cage basse, avec un petit roseau par-
dessus; en sorte que, quand le père et la
mère viendront nourrir les petits pri-
sonniers, ceux-ci puissent recevoir la
becquée. Quand on aura habitué pendant quelques jours le père et la mère
à leur venir donner à manger, on
pourra d'espace en espace les approcher du logis, en mettant toujours la
cage dans un lieu bien à découvert; et,
quand les petits peuvent sortir du nid,

on les remet dans une plus grande cage, et on les laisse dans le même endroit, jusqu'à ce qu'on ne s'aperçoive plus d'y voir aller le père et la mère : on met pendant ce temps quelque chose à manger dans la cage, tel que du jaune d'œuf et du chenevis écrasé, pour que les petits puissent s'accoutumer à manger seuls. Les nids de tous les autres oiseaux ne leur conviennent pas pour cela, même ceux des linotes.

Manière d'élever les petits lorsqu'ils sont abandonnés.

Quand une femelle tombe malade quelques jours après que ses petits sont éclos, ou lorsqu'elle les abandonne, il faut pour lors, n'ayant point d'autres femelles à qui on puisse les donner à nourrir, acheter promptement une nichée de moineaux tout jeunes, et en mettre à proportion qu'il en est besoin dans le nid des petits orphelins, afin que, se trouvant les uns avec les autres, ils entretiennent la chaleur naturelle des petits; on donne la becquée à ces petits serins, selon la méthode ci-dessus prescrite ; quand le tems est un peu froid, on les couvre d'une petite peau d'agneau bien douce. On nourrit les moineaux d'une nourriture plus commune que celle des serins, pour qu'ils ne viennent pas si gros en peu de tems.

Antipathie entre les serins.

Si on remarque une certaine antipathie parmi quelques serins, on se gardera bien de les appareiller ; car, quoi qu'on fasse, on ne peut les apprivoiser ensemble, dès que cette antipathie règne une fois.

Pour appareiller plusieurs femelles avec un mâle.

Quand on a plus de femelles que de mâles, et lorsqu'on ne veut pas faire la dépense d'acheter des mâles, on s'y prend de la manière suivante pour appareiller deux femelles avec un mâle : cela peut même très-bien se faire, si ce mâle est fort et vigoureux, s'il chante d'un ton fort élevé, long-tems et souvent pendant le jour, et s'il est si vif qu'il ne puisse rester un seul instant en place dans sa cage. On a pour cet effet deux petites cages posées à côté l'une de l'autre, et on lâche le mâle dans l'une des deux; ce mâle, étant appelé par ces deux femelles, ira tantôt à l'une, tantôt à l'autre, et par ce moyen il les satisfera toutes deux. Quand on n'a qu'une seule cage, on peut encore s'en servir sans s'en pourvoir d'une autre; mais il faut qu'elle soit grande, et qu'il y ait une séparation au milieu par le moyen d'un petit ais, pour que les deux femelles, qui se trouvent dans les paniers posés aux deux extrémités de la cage, ne soient point distraites en se voyant; la planche qui formera cette séparation doit être mince, et ne doit descendre au plus qu'à un quart de hauteur de la cage, ce qui suffit uniquement pour que les deux femelles ne se voient point quand elles couvent leurs œufs. Il y a encore une autre méthode pour mettre les femelles avec un petit nombre de mâles. Lorsqu'on a un cabinet bien clair et a l'exposition du levant, on le démeuble totalement pendant les quatre mois qu'on met

couver, et on le remplit de serins mâles
et femelles; on peut y lâcher quatre
femelles sur un mâle, c'est à-dire, si
on y met douze mâles, on pourra leur
donner quarante-huit femelles : on
place de distance en distance des petits
paniers en aussi grand nombre qu'il y
a de femelles, et on met dans le milieu
du cabinet tout ce qui est nécessaire
pour faire les nids; on met aussi une
table au milieu de ce cabinet, et on
place dessus trois ou quatre grands augets remplis d'eau et de grains ordinaires. On range de longs bâtons de
sureau de distance à autre, pour que
les serins puissent s'y percher. On fera
faire une fenêtre grillée, afin de pouvoir ouvrir le chassis lorsqu'il fera
beau, pour donner de l'air aux serins,
sans crainte qu'ils s'envolent. Chaque
femelle prendra son nid dans ce cabinet
sans se tromper, et n'ira jamais dans
celui d'une autre. On peut placer autour du cabinet quelques caisses de
verdure, tels que des petits orangers,
ou d'autres arbrisseaux; cela les ré-
jouira, et même plusieurs femelles y
pourront faire leurs nids, en leur

mettant un panier au milieu de la caisse.

Nombre d'œufs que pondent les serines.

Parmi les serines, il s'en trouve qui ne pondent point ; on les appelle femelles brehaines ; d'autres sont si peu œuvées, qu'elles ne font qu'une ponte ou deux au plus pendant toute l'année, et souvent même il arrive qu'elles ne pondent que de deux jours l'un. Il y en a qui font trois pontes bien réglées, et qui ont trois œufs à chaque ponte ; les plus communes en font quatre de quatre à cinq œufs chacune ; et les plus fécondes en font cinq, même de six et sept chacune. Quand cette dernière espèce de serine nourrit bien, c'est une espèce ou plutôt une race parfaite.

Méthode pour connaître la bonté des œufs.

Pour connaître ensuite si les œufs sont bons, il faut les regarder quand la femelle aura passé six à sept jours à les couver ; on les tire pour cet effet de dessous la mère, et on les considère à

la

la chandelle. Si on s'aperçoit que ces œufs soient troubles et pesans, c'est une marque qu'ils sont bons, et que les petits se forment dedans. Si, au contraire, ils sont aussi clairs que le jour que la femelle a commencé à les couver, c'est un indice qu'ils sont mauvais, et sans aucun risque on peut les jeter, sans laisser fatiguer inutilement une femelle. Si on a plusieurs serines qui couvent dans le même tems, on fera donc bien de retirer les œufs clairs de chaque femelle, et de trois couvées de n'en faire que deux; on donnera, par exemple, cinq ou six œufs à une femelle robuste, et celle à laquelle on les aura ôtés, ne tardera pas à faire un nouveau nid.

Observations sur la ponte des serines.

Il est encore à observer que, lorsqu'une femelle a pondu son premier œuf, il faut aussitôt le lui ôter, et lui en substituer un d'ivoire pour l'amuser; on ôte aussi le second, et on fait de même que pour le premier; et, quand on s'aperçoit que la femelle n'a plus d'œufs à pondre, on lui rend de

BIBLIOTHEQUE ROYALE

grand matin ses œufs, en lui ôtant les
faux d'ivoire. On empêche par là que
les petits naissent en différens tems, et
on a l'avantage de les voir les uns et
les autres de la même force. Le ton-
nerre est à craindre ; souvent il tue les
petits dans les œufs. On fera aussi très-
bien de ne les pas toucher trop souvent ; rien n'est plus mauvais. Il faut
pour l'ordinaire qu'une femelle couve
treize jours pour que les petits éclosent.
Il y en a même qui éclosent au bout
de douze jours, et il s'en trouve d'autres qui n'éclosent qu'au quatorzième
jour. Quant à la fatigue d'une serine
femelle, il est de fait que celle qui
nourrit fatigue beaucoup plus que
celle qui pond ou qui couve, parce
que celle qui pond n'a qu'une heure
au plus à souffrir, et celle qui couve
s'accoutume souvent dans la situation
tranquille où elle est, tandis que celle
qui nourrit s'épuise après ses petits ; et
il arrive même souvent que le mâle ne
lui porte point de nourriture, et lui
laisse impitoyablement ce lourd far-
deau. Quand on voudra donc ménager
une femelle plus que les autres, soit

parce qu'elle est délicate, ou qu'elle est plus belle et d'un plus grand prix, on lui présentera d'abord son nid tout fait, on lui donnera cependant quelque chose pour y mettre, pour qu'elle le puisse changer, en cas qu'elle ne le trouve pas bien : quand sa première ponte sera faite, on lui donnera ses œufs à couver pendant sept jours, après quoi on les examinera ; s'ils sont clairs, on les jetera ; s'ils sont bons, on les donnera à une autre femelle pour les achever de couver. On laissera reposer cette femelle deux jours ; après ce tems, on lui présentera un second nid fait comme le premier ; et, lorsqu'elle aura couvé pendant cinq ou six jours sa seconde ponte, on lui ôtera ses œufs, et on lui en donnera d'autres prêts à éclore ; on lui laissera nourrir pendant douze jours les petits qui sortiront de ces œufs qui ne sont pas à elle, si toutefois elle nourrit comme il faut; car, si elle ne nourrissait pas bien, il faudrait ôter ces œufs la veille qu'ils doivent éclore. Après qu'on lui aura ôté les petits pour les élever à la brochette, on la laissera encore reposer deux jours, on lui donnera son troisième panier, dont le nid sera aussi tout fait : quand elle aura couvé les œufs de cette nouvelle ponte douze jours, on les lui ôtera, on les donnera à éclore à une autre femelle, et on ôtera la femelle d'avec le mâle; on les laissera ensemble dans une petite cage, jusqu'à ce qu'ils commencent à muer; on peut pour lors sans aucun risque les séparer; par le moyen de cet expédient, une femelle ne se trouvera point fatiguée de ses trois couvées, et peut vivre fort long-tems; elle a même la force de supporter la mue, qui fait ordinairement mourir celles qui se trouvent trop épuisées.

Avalure, maladie.

Les maladies des serins sont en grand nombre : la première est l'avalure; cette maladie leur est d'autant plus dangereuse, que les remèdes qu'on y peut apporter ne servent qu'à prolonger leur vie de quelques jours; elle vient ordinairement à ces oiseaux un mois ou six semaines après qu'ils sont nés; le signe de cette maladie est ex-

terne ; ceux qui en sont attaqués se
trouvent très-maigres ; ils ont le ventre
clair, très-gros, fort dur, et couvert de
petites veines rouges ; leurs boyaux se
trouvent descendus à l'extrémité de leur
corps : ces oiseaux ne laissent pas souvent que de bien manger, quoiqu'ils
aient cette infirmité ; mais ils n'en meurent pas moins, à moins qu'on emploie
au plus tôt les remèdes propres à cette
maladie. Plusieurs causes peuvent y
contribuer ; la première provient de ce
que les serins ont le corps brûlé en
dedans, parce qu'on leur a donné des
nourritures trop succulentes pendant
qu'on les élevait à la brochette : la seconde vient de ce que les jeunes serins
trouvent si fort à leur goût tout ce qu'on
leur donne lorsqu'ils commencent à
manger seuls, qu'ils mangent en trop
grande quantité. Quand donc on a de
jeunes serins qui mangent continuellement, pour obvier à cette maladie, on
ôte de leurs cages ce dont on s'aperçoit qu'ils mangent le plus, et on ne
leur en remet que de tems à autre, sans
leur en faire une habitude. Si, malgré
ces précautions, ils tombent dans cette

maladie, on aura recours aux différens remèdes ci-dessous détaillés.

Mue.

La mue est une maladie qui n'est pas moins dangereuse aux serins que l'avalure. Cette maladie fait autant de ravages sur ces oiseaux que la maladie des dents sur les petits enfans. Dans le tems de la mue, qui commence à leur prendre cinq ou six semaines après qu'ils sont nés, et qui leur dure plus de deux mois, on les voit tout bouffis, mélancoliques, et souvent endormis pendant le jour, mettant la tête dans leurs plumes : on trouve aussi la cage ou cabane où ils sont remplie de petit duvet ; les jeunes ne jettent que le duvet la première année, et à la seconde ils jettent les grosses plumes, telles que celles de leurs ailes et de leurs queues ; ils sont pour lors fort dégoûtés, ils mangent peu, ils ne touchent pas même à ce qu'ils aiment le mieux lorsqu'ils se portent bien : c'est là l'état le plus triste où les serins puissent se trouver ; ils se voient tout dépouillés de leurs plumes dans un tems où la froidure se fait souvent sentir. Nous indiquerons ci-après les remèdes pour cette maladie, de même que ceux pour l'avalure.

Bouton.

Une autre maladie propre aux serins, est ce qu'on appelle le *bouton :* et en effet, c'est une espèce de bouton qui se forme sur leur croupion. Il faut laisser agir la nature, c'est-à-dire, laisser percer le bouton de lui-même. Cependant, si on s'aperçoit que les serins soient bouffis sans être dans le tems de la mue, on regardera sur leur croupion ; et, quand on s'aperçoit que c'est cet abcès, on tâchera de les soulager le plus promptement que faire se pourra, et ce suivant la méthode ci-dessous prescrite. Il arrive quelquefois que ces oiseaux sont si malades, qu'ils n'ont pas la force de percer eux-mêmes le bouton ; et, si on ne les seconde, ils en meurent ; ce qui leur provient souvent, ou de mélancolie, se trouvant placés dans un lieu sombre, ou de ce qu'on ne les purge point assez souvent.

Gales jaunes à la tête.

Il arrive encore quelquefois que les serins se trouvent avoir quelques gales jaunes à la tête, et quelquefois même autour des yeux : quand ces gales se trouvent trop étendues, il n'y a rien à faire ; il faut tout attendre du tems et des nourritures rafraîchissantes.

Maigreur.

Ces oiseaux sont aussi souvent malades, et deviennent maigres par la grande quantité de petits insectes qui se forment dans leurs plumes ; ce dont il est facile de s'apercevoir, lorsqu'on les voit s'éplucher à tous les instans du jour. Nous donnerons ci-dessous le remède pour les soulager dans ce cas.

Remèdes contre l'avalure.

Il y a plusieurs remèdes contre l'avalure : quand on a un serin attaqué de cette maladie, ce qu'on doit reconnaître aux signes caractéristiques ci-dessus indiqués, notamment lorsqu'en soufflant les plumes du ventre, on voit ses boyaux fort rouges et tortillés. On peut prendre, pour lors gros comme un pois d'alun, et on le met fondre dans son eau; on lui renouvelle cette eau tous les jours pendant l'espace de trois ou quatre jours. Ce remède, à ce qu'on dit, est très-bon.

Ou bien on lui met pour remède un morceau de fer dans son eau, et on change cette eau deux fois la semaine, en laissant toujours le fer.

Il y a des personnes qui ôtent le soir la boisson ordinaire de l'oiseau malade, et qui lui en remettent de la salée le lendemain matin; l'oiseau ne manque pas d'en boire d'abord quelques gouttes; et, quand il en a bu plusieurs fois, on lui ôte cette eau salée, et on lui remet de l'eau ordinaire. On continuera ainsi pendant cinq ou six jours; et, en cas qu'on ne trouve point d'amendement, on lui donnera le composé suivant. Après avoir ôté sa graine ordinaire, on lui présentera du lait bouilli avec de la mie de pain en égale quantité, et on lui mettra aussi de l'alpiste bouilli en pareille quantité, dans un petit pot, au milieu de la cage : on réitérera de lui donner cette nourriture pendant quatre ou cinq matinées de suite, et l'après-midi on lui remettra sa graine ordinaire dans son auget. Après les cinq jours, on jettera dans son eau, à six heures du matin, gros comme la moitié d'une lentille de thériaque, et on la lui laissera jusqu'à ce qu'on l'ait vu boire une fois ou deux. On continuera cette boisson au moins trois jours de suite; après cela on lui donnera une mangeaille apprêtée de la manière suivante.

On prend une pincée de millet, autant de graines d'alpiste, quelque peu de navette, avec quelques grains de chenevis, le tout mêlé ensemble. On fait bouillir ces graines dans de l'eau un ou deux bouillons, et on change la première eau pour rincer cette graine dans une eau fraîche : on fait durcir un œuf frais, on en écrase le jaune et le blanc ensemble, n'en mettant au plus qu'un quartier : on ajoute à tout cela un petit morceau de biscuit dur, plein une coquille de noix de graine de laitues avec autant de graine d'œillet; et, après avoir composé avec toutes ces différentes choses une pâte, on en donne à l'oiseau malade, avec quelques feuilles de chicorée bien jaune. On réitère ce remède pendant tout le tems de la maladie.

Autre remède pour l'avalure.

On donnera à l'animal malade de la noix concassée, avec de l'alpiste bouillie, et ensuite une feuille de chou blanc, et du céleri.

Remède contre la mue

Quand un serin est dans sa mue, il faut l'exposer au soleil, ou, s'il n'en fait point, le mettre dans un lieu chaud, où il n'y ait aucun vent, car le moindre froid peut pour lors lui devenir mortel. On lui met dans un petit pot à pommade, au milieu de sa cage, pendant tout le tems de sa mue, de la graine de talitron, ou argentine, mêlée avec un peu de graine d'œillet. On lui donne un autre jour un peu de biscuit et de colifichet à sec, et on lui en met aussi de trempé dans du vin blanc; quand il en mange, cela lui fait un grand bien. On aura soin aussi de lui souffler trois fois la semaine, en laissant un jour d'intervalle entre chaque

fois, du vin blanc sur le corps, et aussitôt on le met sécher au soleil ou devant
le feu. Si on le voit bien malade, on
lui fait avaler tous les jours trois ou
quatre gouttes de ce vin blanc, dans
lequel on fera fondre un petit morceau de sucre candi ou autre : on jette
dans son abreuvoir un peu de réglisse
nouvelle bien ratissée; elle donne une
saveur à l'eau, sans l'échauffer; et,
quand malgré cela, on ne remarque
aucun amendement au serin, on lui
donnera toutes sortes de nourritures,
telles que des œufs durs, blanc et jaune,
colifichets, un peu de graine de laitue,
du chenevis concassé, de l'alpiste, de
la graine bouillie, et autres, etc.

Remèdes contre le bouton.

Quand un serin est attaqué d'un
abcès qui se forme sur le croupion,
et lorsqu'on s'aperçoit qu'il ne chante
plus, qu'il est même fort malade, on
le prend dans les mains, et avec une
pointe de ciseaux, on lui coupe adroitement la moitié du bouton qui est
blanc, on en fait ensuite sortir le pus,
en le pressant un peu avec le doigt, et

on met aussitôt sur la plaie un petit
grain de sel fondu dans la bouche, ce
qui fera sécher certainement le mal.
Si on s'aperçoit que le serin souffre un
peu, parce que le sel lui cuit, on peut,
une heure après ou environ, mettre
sur son mal un petit morceau de sucre
fondu avec la salive : cela adoucit
l'âcreté du sel, et achève de sécher la
plaie.

Remèdes contre les mites qui infectent
les serins.

On emploie plusieurs petits remèdes
pour débarrasser les serins des insectes
connus sous le nom de *mites*. D'abord
on aura soin de les tenir toujours proprement, c'est-à-dire, de nettoyer la
cage où ils sont, deux ou trois fois la
semaine, et de changer souvent leur
sable ; on leur laissera aussi pendant
toute l'année des bâtons de sureau ou
de figuier, qu'on aura soin de percer
de distance en distance avec la pointe
d'une aiguille ; on en vuidera toute la
moëlle, et on ôtera l'écorce qui est des-
dessus, pour les rendre bien polis ; on
ratissera au moins deux fois la semaine,

et on secouera les bâtons pour faire sortir le peu de mites qui pourraient y séjourner. On pourra encore mettre un linge blanc de lessive le soir dans la cage ; il est sûr que , s'il y a des mites, on les verra le lendemain attachées à ce linge ; mais, comme il y a des serins qui pourraient s'effaroucher de pareils linges, on devra substituer à ce procédé le remède suivant.

Avant que de mettre les serins dans leur cage, si elle est vieille , on la lavera fortement avec de l'eau bouillante ; elle fera périr tous les insectes avec leurs œufs.

Infirmerie pour les serins.

Si on avait beaucoup de serins , il serait à propos d'avoir une infirmerie : on choisira pour cette infirmerie une cage de bonne grandeur, doublée dessus, au fond , et des deux côtés, d'une serge épaisse, rouge ou verte, pour qu'elle ne reçoive du jour que par le devant : les barreaux de cette infirmerie seront de petit osier, et non de fil de fer ; on placera la cage au soleil, si c'est l'été, et pendant l'hiver, dans un lieu où il y ait du feu. On évitera de mettre cette cage dans un endroit exposé à la fumée ; elle est très-pernicieuse aux serins malades, elle fait même souvent mourir ceux qui sont en parfaite santé. Un serin malade, mis dans l'infirmerie, est à moitié guéri, pour peu qu'on lui donne ce qui est approprié à sa maladie. Si, malgré tous ces soins, le serin malade vient à perdre sa chaleur naturelle, ce qu'on reconnaît facilement par son air triste et endormi, ayant toujours le bec dans ses ailes, et par son indifférence pour les alimens, on le prend alors sans perdre de tems, et, après lui avoir fait avaler deux ou trois gouttes de bon vin blanc sucré, on le met seul dans une petite cage, qu'on appelle aigrenoir, où il y aura au bas une petite peau fine d'agneau, de même qu'autour de la cage ; on le laissera reposer la nuit dans cet état, ayant encore soin de mettre la cage dans un endroit bien chaud ; le lendemain on en retirera le malade, pour le mettre dans une autre petite cage bien couverte sans bâtons, et on ne le

remettra avec les autres que quand il
sera une fois en parfaite santé.

Maladie d'amour.

Rien n'est si commun que de voir
une serine tomber malade au commencement du printems, quand on est sur
le point de l'appareiller. Rien ne dé-
courage plus un curieux ; car il arrive
même quelquefois que, malgré tous les
soins qu'on puisse apporter à cet oiseau, il en meurt. Hervieux prétend
que cette maladie de la serine est l'a-
mour, et que, si on lui donne un mâle,
elle recouvre bien vite sa santé. On
en peut dire autant du mâle qui tombe
malade avant que d'être appareillé.

Façon de purger les serins.

On purge les serins comme les autres
animaux, c'est-à-dire, qu'on leur
change pour un jour ou deux leur
nourriture ordinaire, pour leur donner de la navette toute pure, de la laitue
en feuilles, du mouron et du séneçon ;
on peut même encore leur donner
quelques petites feuilles de rave, de
même que de la poirée ; et, quand la
saison de toutes ces herbes rafraîchissantes est passée, on les remplacera

par de la bonne graine de melon mondée et de laitue. On connaît qu'il faut
purger les serins par les deux signes
suivans : 1.º quand ils ont de la peine
à fienter : 2.º lorsqu'ils renversent continuellement avec le bec la graine qui
est dans leur auget. Pendant les deux
jours qu'on purge les serins, on leur
mettra un peu de sucre ordinaire, ou
du sucre candi dans leur eau : on les
purgera ainsi tous les mois.

Pâte propre à réveiller l'appétit des
serins.

Cette pâte se nomme *salègre*. On
prend pour la faire, de la terre grasse,
telle qu'on en donne aux pigeons;
on y met une petite quantité de sel ;
on y joint une quantité suffisante de
bon millet et d'alpiste, avec quelque
peu de chenevis : on pétrit le tout avec
cette terre rouge, comme si on faisait
du pain, on partage ensuite la pâte
en petits pains d'environ un quarteron
au plus ; on la met ensuite au four, on
l'y laisse jusqu'à ce qu'elle soit bien
sèche ; étant retirée, on la met refroidir ; et on en peut donner à ses serins

dès le jour même. En la mettant dans un lieu sec de sa chambre, on peut la conserver pendant toute l'année, sans craindre qu'elle se gâte.

Serins trop gras.

Les serins sont souvent malades pour avoir été trop bien nourris ; ils deviennent pour lors trop gras. Quand on s'en apercevra, on leur ôtera toutes les nourritures succulentes, qu'on a coutume de leur donner, comme alpiste, millet, sucre, échaudé, biscuit, etc., et on y substituera de la navette toute pure; et lorsqu'ils paroissent avoir de la peine d'en manger, on la fait tremper pendant quelques heures avant que de la leur donner.

Gale à la tête.

Ces oiseaux sont encore sujets à avoir quelque galle jaune à la tête Quand cette galle ne se trouve pas plus grosse qu'un grain de chenevi, on peut, avec une pointe de ciseaux, l'ouvrir ; on en fait sortir le pus, ensuite on l'amollit avec de l'huile d'amande-douce,

du saindoux, de la graisse de chapon,
ou du beurre frais.

Du tic.

Il survient quelquefois aux serins
une maladie pour les avoir voulu
prendre brusquement; on les entend
pour lors, lorsqu'on les tient dans la
main, faire un tic semblable à ce petit
bruit qui se fait ordinairement entendre, lorsqu'on tire un doigt en l'allon-
geant. Ce tic des serins est souvent
suivi de quelques gouttes de sang,
qu'ils jettent par le bec : on les voit
dans ce moment comme pâmés, ne
pouvant plus remuer leurs ailes : on
les remettra promptement dans leur
cage ; on les couvrira d'une toile un
peu claire, et on les placera dans un
lieu éloigné du monde, pour qu'ils ne
se tourmentent point. On leur mettra
leur boire et leur manger au bas de
leur cage, après en avoir oté les bâtons; on aura soin pour lors de leur
donner une bonne nourriture. Quand
ces oiseaux ainsi atteints passent deux
heures, ils sont hors de danger. Mais
il ne s'agit pas de remédier à cette

maladie, il faut prendre des précautions pour ne pas y exposer ces oiseaux. On préludera, si on peut se servir de ce terme, en approchant de la cage dont on veut tirer les serins, et on les attirera de la bouche ou de la main, avant que de les prendre réellement. On emploie ordinairement une puisette, qui est une espèce de petit fil et fait exprès pour les prendre dans la volière. Il y a des amateurs qui font faire un petit trébuchet ; ils le posent dans la volière, ils y mettent du colifichet ou du biscuit ; en peu de tems les serins s'y jettent les uns après les autres, et quelquefois même plusieurs ensemble. On prend ceux qui sont tombés dans le trébuchet, on les met dans une cage, on remet ensuite le trébuchet dans la volière, jusqu'à ce qu'on ait attrapé celui qu'on souhaite.

Langueur.

Une maladie très-commune chez les serins, est la langueur. Quand ils en sont attaqués, ils ont le corps gros, enflé, et tout couvert de petites veines rouges ; leur estomac se dessèche ; ils mangent peu pendant le jour, et ils ne s'occupent qu'à jeter avec leur bec toute leur mangeaille. Cette langueur peut être souvent occasionée de ce qu'ils sont placés dans un lieu sombre et triste, ou de ce qu'étant plusieurs mâles dans une même cage, ils ont pris de l'aversion l'un contre l'autre. Quand la première cause a lieu, il faut les égayer, en les mettant dans un lieu plus clair et plus favorable à leur santé. Si c'est la dernière qui paraît, on séparera les mâles dans différentes cages. On aura soin en outre, jusqu'à ce que ces oiseaux soient entièrement guéris, de leur donner quelque petite douceur à manger, et de mettre un peu de réglisse dans leur eau.

Pépie.

La pépie chez les serins n'est autre chose qu'un chancre qui vient dans leur bec : ce qui leur provient d'un trop grand feu dans les entrailles. Pour les en guérir, il ne faut que les rafraîchir : on leur donnera à manger de la graine de laitue, et on mettra

dans leur boisson une pincée de graine
de melon pendant trois ou quatre jours.
Quand on s'apercevra qu'ils se por-
teront mieux , on aura soin de leur
ôter cette eau , et on leur en donnera
de l'autre en place, où il y ait un peu
de sucre candi ; on leur continuera
cette boisson pendant cinq ou six
jours.

Flux de ventre.

Le flux de ventre est aussi une maladie commune aux serins. Quand ils
en sont attaqués, il remuent et serrent
leur queue, et sont tout débiffés. Si ce
flux leur continue, on leur arrachera
les plumes de la queue, et celles qui
sont autour de l'anus; on graissera leur
anus avec de l'huile d'amande douce,
ou du beurre frais , ensuite on leur
donnera de la graine de laitue et de
melon mondée, pendant l'espace de
quatre ou cinq jours; on leur présentera aussi à manger du jaune d'œuf
dur, et on ne leur laissera qu'un peu
de leur manger ordinaire, surtout pendant les trois premiers jours.

Membres cassés.

Les serins deviennent souvent éclamés, c'est-à-dire, qu'ils ont une aile rompue ou une jambe cassée. Quand ils seront dans ce cas, on les gouvernera de la façon suivante; on les mettra d'abord dans une petite cage de mousse ou de menu foin ; on leur ôtera les bâtons sur lesquels ils se perchent , et conséquemment on leur mettra leur boisson et leur manger au bas de la cage dans un petit coin : on ne leur liera point la patte , lors même qu'elle est cassée, de peur qu'il ne survienne quelque inflammation dans la ligature ; on placera la cage dans un lieu écarté, et on la couvrira. La nature opérera seule la guérison.

Mal caduc.

Le mal caduc est très-dangereux pour les serins , mais ils en sont rarement attaqués. Quand ce mal leur arrive , il faut, s'ils en réchappent la première fois, leur rogner les ongles , et les arroser au moins deux fois la semaine avec du gros vin tiède.

Echauffement.

Quand les serins sont trop échauffés, on leur ôtera l'alpiste, le millet, et même le chenevis, et on ne leur donnera pendant quinze jours que de la navette, de la graine de laitue, du sénecon et du mouron, pourvu qu'il soit bien mûr; on peut leur donner aussi quelquefois des feuilles de raves, et autres herbes rafraîchissantes. Il est à observer, au sujet du mouron et du séneçon, qu'il est dangereux d'en donner aux serins pendant l'hiver et aux approches du printems; au lieu de leur faire du bien, il leur est souvent très-funeste. On donne aux serins asthmatiques de la graine de plantain, et du biscuit dur trempé dans du bon vin blanc. On reconnaît que ces oiseaux sont attaqués de ce mal, quand ils font plusieurs fois le jour une espèce de petit cri qui semble sortir de l'estomac.

Extinction de voix.

Les curieux donne le nom de *peau cassée* à l'extinction de voix des serins;
ce

ce qui leur arrive pour l'ordinaire
après la mue, pour avoir été trois mois
sans chanter. On leur donnera pour
lors du jaune d'œuf haché avec de la
mie de pain; on mettra dans leur
eau de la réglisse nouvelle, bien ratissée; cela donnera une saveur à l'eau,
et leur humectera le gosier.

Sueur.

Quand une femelle qui a des petits
vient à suer, ce dont on s'aperçoit
lorsqu'elle a toutes les plumes de dessous le ventre et de l'estomac mouillées, les petits qui sont sous elle sont
en danger d'étouffer, leur duvet ne
peut pas même pousser. Pour remédier à cet inconvénient, on jette une
petite pincée de sel dans un demi-verre
d'eau fraîche; et, après que le sel est
bien fondu, on tire la femelle incommo-
dée de son nid, et on lui lave le ventre
avec cette eau salée; après l'avoir bien
lavé pendant l'espace d'un demi-quart
d'heure, on trempe cette même femelle dans de l'eau pure pour en ôter
toute la salaison; on la met ensuite
dans une petite cage au soleil ou

devant le feu ; elle s'y épluche et se
sèche dans un instant, après quoi on
la remet dans sa cage ; on peut encore
se servir pour cet effet de l'os de sèche ; on le réduit en poudre, et on
en frotte l'estomac de la femelle suante,
cela lui enlève la plus grande partie de
sa sueur ; on réitère ce remède toutes
les trois heures, jusqu'à ce que les petits
aient atteint cinq ou six jours.

Nous nous sommes peut-être un peu
trop étendus sur cet oiseau ; mais,
comme il se trouve généralement dans
toutes les maisons, nous avons cru
devoir entrer en quelques détails à son
sujet.

LE PINSON.

Le pinson mâle a le même caractère générique que le moineau ; il est
un peu moins gros. Le front est couvert de plumes noires, dont la pointe
est grise ; le derrière du cou et le dos
sont d'un brun marron. Le croupion

1. PINÇON, 6 pouces. 2. LINOTTE, 5 pouces. (Voyez page 128.)

3. SENEGALI-COU-COUPE, 5 pouces. (Voyez page 55.)

est olive. Les joues, la gorge, le devant du cou, la poitrine et les côtés sont d'une couleur vineuse. Le ventre et les pattes sont d'un blanc roussâtre.

Le pinson femelle a, de même que le mâle, le bec plombé; son corps est d'un cendré verdâtre en dessus, blanchâtre en dessous.

Le chant du pinson est court; il n'a qu'environ douze notes composées de trois parties, et la conclusion de ce chant est ce qu'il a de plus beau : cependant il imite quelquefois en cage le chant des rossignols, et même celui du serin. Parmi ces oiseaux, les uns chantent avec une phrase assez courte, et d'autres avec une phrase longue et redoublée : on estime beaucoup ceux ci ; on s'en sert en qualité d'appelans pour en prendre d'autres au filet.

Les pinsons, outre leur ramage ordinaire, ont encore un certain frémissement d'amour qu'ils font entendre au printems, et un certain cri qui, dit-on, annonce la pluie. Si l'on met un jeune pinson pris au nid, sous la leçon d'un linot, d'un serin ou d'un rossignol, il se rendra propre le chant de ses maîtres. Nous n'avons au contraire vu aucun individu de cette espèce qui ait appris à siffler des airs de notre musique ; ces oiseaux tiennent trop à la nature, et ne savent point s'en éloigner jusqu'à ce point.

Nous avons aussi remarqué qu'ils ne chantaient jamais si bien et si long-tems, que lorsqu'ils perdaient la vue par quelque accident. Pour obtenir ce chant , ayez deux cages fermées de manière que les rayons du jour ne puissent y pénétrer, vous mettrez l'oiseau dans l'une avec les alimens nécessaires ; et, lorsque vous jugerez à propos de le nettoyer , ou de renouveler sa nourriture , vous le ferez passer dans l'autre qu'on aura préparée à le recevoir ; les pinsons, ainsi privés de la jouissance de la lumière par ce procédé , sont des chanteurs infatigables.

Le pinson fait son nid dans les bois et dans les jardins. Quand c'est dans les bois, il le place toujours fort haut ; mais si c'est dans les jardins, il ne le place le plus souvent qu'à la hauteur d'un homme, entre les branches épaisses des pommiers, de façon néanmoins qu'on passe souvent auprès sans l'apercevoir. Ce nid est un chef-d'œuvre; il est construit à l'intérieur de mousse, et garni à l'extérieur du duvet qui tombe pour l'ordinaire au printems de quelques arbres ou plantes; la femelle du pinson y dépose quatre ou cinq œufs.

Quand on prendra les petits au nid, on les élevera de la même façon que ceux du chardonneret et des autres oiseaux. Olina observe que les jeunes pinsons, tant ceux qui ont été pris au nid que ceux qui ont été attrapés quelque tems après en être sortis, se modèlent pour le chant sur un vieux pinson qu'on pourrait avoir, pourvu qu'il soit bon. Ces oiseaux, outre le chant des autres oiseaux qu'ils imitent quelquefois, s'habituent aussi très-aisément à tirer leur mangeaille et leur boisson avec de petits seaux, en s'aidant non-seulement de leur bec, mais aussi de leurs pattes; et, quand on veut les faire chanter beaucoup, on leur donne un peu de pain et de fromage

ou de lait ; mais il ne faut pas que ce
fromage soit salé ; d'autres leur donnent aussi pour le même effet des vers
semblables à ceux qu'on présente aux
rossignols, ou même quelques sauterelles : on les nourrit néanmoins pour
l'ordinaire en cage avec du chenevis ou
de la graine de chardon ou du panis,
ils mangent même de l'herbe : mais cet
oiseau aime surtout à se baigner. Le
pinson peut tellement s'apprivoiser
qu'en certain tems de l'année, il s'en
va et revient ; quand on en veut
avoir des bâtards, il n'en faut mettre
dans une chambre qu'une paire ou
deux ; car ils sont fort jaloux et se poursuivent souvent les uns les autres. Le
pinson a une méthode qui lui est propre pour échapper à l'oiseau de proie
lorsqu'il vient à lui ; il replie de suite
sa tête sous son corps, présente et
étend sa queue tout droit en haut ;
l'oiseau de proie a pour lors de la
peine à le reconnaître ; et, s'il le prend
encore dans cette attitude, il ne saisit
dans ses serres que les plumes de la
queue de l'oiseau.

Après la Saint-Michel, ces oiseaux

s'en vont, à ce qu'on dit, dans d'autres pays, où la neige ne les empêche pas de chercher leur nourriture : il en reste néanmoins assez chez nous pendant l'hiver, puisqu'il en vient souvent durant cette saison dans les villages, devant les granges avec les moineaux et bruants. Le retour de ceux qui ont quitté le pays est dans le mois de mai, et on dit qu'ils viennent alors du nord, puisqu'ils en amènent souvent avec eux de blancs. Nous doutons cependant que ces oiseaux fassent de pareilles transmigrations.

Le pinson aime le froid, mais un froid modéré ; et cela est si vrai que, quand l'hiver couvre la terre de neige et de glace, il s'en trouve pour lors si fort incommodé, qu'à peine peut-il voler ; il se laisse même prendre à la main. Il est très-gai de son naturel, aussi dit-on *gai comme pinson* ; il annonce le printems un des premiers ; mais lorsque dans cette saison le froid se fait sentir, cet oiseau a un cri plaintif qui indique assez que le froid lui est désagréable.

La vie du pinson est d'environ sept ou huit ans, mais il est sujet à devenir aveugle. Quand on s'aperçoit que ses yeux pleurent, que ses plumes se hérissent et se gonflent, on tire le jus des feuilles de bette ou poirée, on le mêle avec de l'eau et du sucre, et on lui donne à boire de cette liqueur pendant quatre ou cinq jours, en la lui présentant seulement de deux jours l'un; on peut encore lui donner un petit bâton de figuier pour se percher et y essuyer ses yeux.

LA LINOTE.

Nous en distinguerons de plusieurs espèces, savoir : la *linote ordinaire*, la *linote grise*, la *grande linote des vignes*, la *petite linote des vignes*.

La linote ordinaire est un petit oiseau gros comme un moineau, qui a la tête couverte d'un plumage cendré roux; son dos est mêlé de noir et de roux, sa poitrine est comme le dos, son bas-ventre et le haut de sa gorge sont blancs; les grandes plumes des ailes sont noirâtres; la couleur de ses pieds est d'un brun obscur.

La linote grise, ou petite linote, a ses plumes beaucoup moins roussâtres que la commune; c'est ce qui en constitue uniquement la différence. La grande linote des vignes est un peu moins grande que la linote ordinaire; le plumage de sa poitrine et du dessus de sa tête est rougeâtre; aussi l'appelle-t-on *linote rouge*. La petite linote des vignes a le bec moins gros et plus aigu; la femelle, de même que le mâle, est rouge au-dessus de la tête, et ses pieds sont plus noirs.

: Les linotes mâles se distinguent des femelles par trois ou quatre plumes de leurs ailes qui se trouvent blanches. Ces oiseaux sont communs en France; ils chantent très-bien de suite, et ils s'apprivoisent très-aisément; ils font leur séjour dans les plaines et sur les collines; ils font leurs nids dans les buissons d'épine noire, d'aubépine, ou dans ceux de genêt : les nids sont fort propres, ils imitent ceux du pinson ou du chardonneret; ils sont rembourrés de laine : ces oiseaux y déposent cinq ou six œufs d'un blanc de lait, semés de taches rouges brunes : ils en font un second pour leur autre nichée : car, ils pondent deux fois pendant l'été; et, quand on vient à détruire leur nid, ils le rétablissent souvent jusqu'à trois fois. La linote grise fait ses œufs dès le mois de mars; mais la commune ne les fait guère qu'en avril.

On ne nourrit les linotes en cage que quand elles ont été prises toutes jeunes dans le nid : elles apprennent alors à siffler beaucoup plus aisément. On instruit ces oiseaux le soir à la chandelle avec un flageolet, ou avec une serinette : ils apprennent d'autant mieux, qu'on est attentif à leur siffler des airs doux et agréables, qui approchent même de la parole. Il n'y a que les mâles qui puissent siffler.

Lorsqu'on élève avec soin les linotes prises dans leur nid, c'est-à-dire, en leur donnant de bons alimens, et les tenant dans un endroit chaud, on peut dire qu'elles deviennent très-jolies : on variera leur nourriture, on leur

donnera, par exemple, à manger du
panis, de la semence de melon mondée, et pilée conjointement avec le
panis, et avec une pâte de massepain :
on leur présente quelquefois cette
nourriture à la main, et on les rend
privées : on les maintient aussi en santé.
De toutes les graines qu'on peut leur
donner, on peut dire que le panis est
la plus saine.

La linote rouge ou linote de vignes
s'appareille très-bien avec la femelle
du serin, et la raison, c'est qu'elle
nourrit ses petits en dégorgeant. La
vraie nourriture de la linote en cage
est de la navette, et quelquefois du
millet et de l'alpiste, et non de la farine
d'avoine. Les linotes vivent ordinairement cinq ou six ans. On peut habituer
ces oiseaux, ainsi que les chardonnerets, à tirer avec de petits seaux leur
manger.

Les linotes muent sur la fin de juillet ; elles perdent alors leurs plumes, ce qui les rend si malades, que
cela les empêche le plus souvent de
chanter : elles sont aussi sujettes à une
autre maladie, qui leur roidit les plu-

mes, et pendant laquelle elles demeurent tristes et sont pareillement sans siffler. On nomme cette maladie *subtile*. Leur ventre devient alors dur; leurs veines sont grosses et rouges; leur poitrine est tuméfiée; leurs pieds sont enflés, galeux, et ne peuvent qu'à peine les supporter. Pour les préserver de cette maladie, il faut, dit-on, mettre dans leur cage un morceau de craie : cela les soulage aussi de la constipation, à laquelle elles sont sujettes. Elles souffrent encore beaucoup de l'asthme; c'est ce qui est cause qu'elles frappent souvent du bec avec colère. On leur met, dans ce cas, un peu de miel dans leur abreuvoir, et on met dans leur cage un peu de chicorée sauvage, qui soit tendre et pilée avec de l'épine-vinette, ou du chou, si c'est pendant l'hiver. Rien n'est meilleur pour rendre les linotes saines et alertes, que de leur donner des groseilles rouges.

1. FRIQUET, 5 pouces. (Voyez page 153.)

2. GROS-BEC, 7 pouces. (Voyez page 135.)   3. PROYER, 9 pouces ½.

LE FRIQUET ou MOINEAU

DE MONTAGNE.

LE plumage du friquet ne diffère guère de celui du moineau franc, et ce qui les fait souvent confondre, c'est qu'avec le même plumage sur les parties supérieures du corps et sur les ailes, ils ont tous deux la gorge noire ; mais avec un peu d'attention, il est aisé de distinguer le friquet d'avec le moineau franc, dont le dessus de la tête et les joues sont cendrés, tandis que le sommet de la tête est d'un rouge-bai dans le friquet, et que ses joues sont blanches marquées de noir.

Ce moineau habite ordinairement les plaines où il y a des buissons bas, des broussailles et des jeunes plantes sauvages, sur lesquelles ils puissent facilement se poser. Il se tient comme les alouettes, le plus souvent près des grands chemins ; cependant quand il

voit des passans peu éloignés de lui,
il prend son vol en tournant çà et là ;
il s'en va, mais sans beaucoup s'éloigner. Tandis qu'il se tient perché, il se
démène continuellement en redressant
et abaissant sa queue, et faisant un cri
presque semblable à celui de la pie-
grièche de la petite espèce. Il couve
dans les broussailles les plus épaisses,
et quelquefois dans quelque trou de
levée ou de fossé, ou à l'abri de quelque motte de terre, et fait environ
quatre ou cinq œufs par couvée.

Dans sa façon de vivre, il n'est pas
fort différent des chardonnerets. Il se
nourrit comme eux de diverses semences, entr'autres de celles de chardons,
sur lesquels on le voit souvent posé. Il
s'en prend souvent au filet ; et c'est
pour cet effet qu'on les met en cage :
on leur donne du panis, du millet, du
chenevis ou de l'alpiste. Cet oiseau
chante quelque peu, mais d'une manière qui n'est pas des plus agréables ;
on ne le rencontre jamais sur les hauts
arbres : il vit environ cinq ou six ans.

LE GROS-BEC.

C'est un oiseau qui tire son nom d'un de ses caractères le plus distinctif. Son corps est d'un tiers plus gros qu'un pinson; mais sa tête est, relativement à sa taille, d'une grosseur démesurée; elle est de couleur roussâtre; son col est de couleur cendrée; son dos est roux, sa poitrine et ses côtés sont de couleur cendrée, légèrement teinte de rouge.

Cet oiseau se tient pendant l'été dans les bois ou sur les montagnes, et il descend en octobre dans les plaines; il fait son nid dans le creux des arbres, et il dépose par couvée cinq ou six œufs.

Il se nourrit de différentes graines, et spécialement de chenevis; il mange encore des cerises, des olives, et diverses baies; il casse les noyaux, et il en mange les amandes; il endommage même les bourgeons des arbres; et si

on ne le tuait pas comme un oiseau
bon à manger, on ferait très-bien de
le tuer comme un oiseau destructeur.
La durée de sa vie n'est pas déterminée. On est dans l'usage d'en nourrir
dans des volières; mais il ne faut pas
que ces volières soient trop petites,
parce qu'alors il pourrait occasioner
de l'ennui aux autres oiseaux. Il n'a aucun ramage, et ne peut plaire que par
son plumage.

LE PROYER.

C'EST un oiseau qui est un peu plus
grand que l'alouette commune, mais
qui en approche beaucoup pour sa
couleur; ou, pour mieux dire, il est
d'une couleur de terre.

La manière dont cet oiseau chante
n'est pas différente de celle du tarin;
mais c'est avec une voix pleine, quoique cependant il ne fasse pas durer son
chant autant que le tarin. Au reste, le
cri qu'il fait pour l'ordinaire en piail-

lant est tout-à-fait semblable à celui qu'on entend faire aux sauterelles dans les prés; il répète continuellement *tritri*, *tritri*, *tritri*, *etc.*

Il fait son nid par terre comme les alouettes, surtout dans des champs semés d'avoine et de millet, et rarement dans des buissons, et il y dépose ordinairement six œufs; il se nourrit à la campagne de diverses semences et de vers, et il mange aussi avec plaisir de l'orge et du millet; et, quand on en a en cage, on leur donne des criblures. C'est un oiseau de passage; il nous quitte fort tard, et il revient au premier printems. Il se tient presque toujours à terre, et se plaît plus dans la plaine qu'ailleurs. Quand il vole, il laisse pendre ses jambes contre la coutume des autres oiseaux de terre. Il aime beaucoup à se trouver dans les prés, les luzernes et le sainfoin. Dans le tems de la moisson, il va par bandes, et fait beaucoup de ravages dans les grains, surtout dans les avoines.

Les oiseleurs ont coutume de le mettre en cage pour le service du filet; c'est un excellent appelant pour en

attraper d'autres, même d'espèces différentes. Les cages où ils le mettent
doivent être basses, et ne doivent point
avoir de bâtons de traverse, comme les
cages qu'on destine aux alouettes.

Le proyer est ordinairement gras et
bon à manger. Certains chasseurs l'es-
timent presqu'autant que le véritable
ortolan ; il est aisé à tuer, parce qu'il
est pesant et qu'il vole mal, et en cage
il s'engraisse si fort, qu'il y meurt du
gras fondu.

LE BRUANT,

IMPROPREMENT VERDIER.

LE *bruant* est à peu près de la grosseur
du moineau ou pierrot, mais il est plus
alongé. La tête, les joues et la gorge sont
jaunes, plus ou moins mêlées de brun.
La partie supérieure du cou est olivâtre ; les plumes du dos et les scapulaires noirâtres dans leur milieu, roussâtres sur les côtés, et terminées de

gris - blanc; le croupion est marron-clair; la poitrine et les côtés sont variés de jaune et de brun; le ventre jaune sans tache. Les ailes et la queue sont brunes rayées de rouge; les pattes sont jaunâtres.

La femelle ne diffère du mâle que quand ses couleurs sont plus claires.

Le *zizi* ou *bruant de haies* est à peu près de la même taille, et diffère en ce que la gorge est presque noire, et ce noir fait un crochet autour des joues; il a un collier jaune, bordé d'une ligne brune-noire, qui le sépare de sa poitrine, qui est rougâtre; son ventre est grisâtre-clair.

Sa femelle a des couleurs beaucoup plus claires, et n'a pas la gorge noire.

Ces oiseaux sont faciles à prendre, et vivent en volière plusieurs années.

Le bruant fait son nid dans les vallons et les lieux bas, ordinairement sur les saules. Il le construit d'abord d'herbes et de sainfoin, et il le revêt intérieurement de laine, de poils ou de crins. Il y dépose trois ou quatre œufs; quelques auteurs disent cinq ou six, longs, d'un noir pâle, avec des taches sanguines, principalement au gros bout

Quand on approche du nid du bruant, cet oiseau fait connaître sa crainte par un cri particulier; c'est ainsi qu'il décèle souvent son nid.

Il se nourrit à la campagne de graines de chardon, de bardane, de semences de raves et d'alpistes; et en cage, on lui donne pour alimens du panis, du chenevis, de l'alpiste, et même de l'avoine.

Il vient si près des maisons pendant l'hiver, qu'on le voit souvent avec les moineaux devant les greniers et les granges, et qu'il entre même dedans. Il s'apprivoise facilement. Il s'habitue même à venir sur le doigt, et à tirer avec adresse de petits seaux qui renferment son boire et son manger; il chante assez doucement, surtout dans la compagnie d'autres oiseaux. Le bruant commence à chanter à la fin de février; c'est un oiseau du pays, il y fait toute l'année sa résidence. On le trouve souvent dans la compagnie des pinsons.

1. ORTOLAN, *6 pouces.* 2. BOUVREUIL, *6 pouces.* (Voyez page 142.)

3. BRUANT, *6 pouces.* (Voyez page 138.)

L'ORTOLAN.

L'ortolan est un oiseau égal et semblable au verdier jaune ; son bec est court, rougeâtre dans le mâle ; sa gorge est cendrée ; le reste du dessous du corps, jusqu'à la queue, est plus ou moins roux, la tête cendrée verte, le milieu des plumes qui couvrent le dos noir, et les parties extérieures de ses plumes ou rousses ou cendrées vertes. La tête et le cou de la femelle sont d'un cendré plus foncé, et variés de petites lignes noirâtres longitudinales.

L'ortolan vit environ trois ou quatre ans, et il ne meurt, pour l'ordinaire, que d'une graisse excessive ; cet oiseau chante agréablement et souvent pendant la nuit. Il n'est en France qu'un oiseau de passage ; il arrive en mars, comme la caille, et s'en va vers l'automne. Il se tient dans les champs de blé, d'orge, de millet, de

panis et d'autres grains semblables,
dont il est très-friand. Il fait son nid
dans les champs, et aussi sur des ceps
de vigne.

LE BOUVREUIL, ou *Pivoine*.

La femelle diffère du mâle en ce que
toute la portion du plumage, qui est
rouge dans le mâle, est dans la femelle d'un brun tirant sur le vineux.
La pivoine ou bouvreuil est un très-
bel oiseau. Le mâle devient quelquefois peu à peu d'un noir de charbon,
comme les corbeaux ; on prétend que
c'est le chenevis qu'on lui donne pour
nourriture, qui lui occasionne ce
changement de couleur ; il l'aime cependant beaucoup, et il le préfère
même à toutes sortes de graines ; mais
quand il mue, il reprend sa première
couleur rouge.

Le bouvreuil fait son nid dans les
haies ; la femelle y dépose pour l'or-

dinaire quatre œufs. L'épine blanche est de tous les arbrisseaux celui qu'elle choisit par préférence pour y construire son nid.

Le bouvreuil se tient continuellement dans les bois des pays montueux; cependant il en descend l'hiver; il se nourrit à la campagne de vers, de chenevis et de quelques baies. Au printems il fait un grand tort aux arbres à fruit, surtout aux pommiers et aux poiriers; il mange le bourgeon des rejetons que ces arbres poussent. Si on en veut élever les petits pris dans le nid, on les nourrira avec du cœur, et on leur donnera aussi quelquefois des vers et de la pâte comme au rossignol. Lorsqu'ils seront un peu grands, ou pour mieux dire, entièrement élevés, on pourra leur donner du chenevis ou des baies de sureau aquatique ou d'aubier. Quand on le prend grand, si on veut l'habituer à manger, il faut lui donner tant de nourriture qu'il marche dessus, sans quoi il se laisserait mourir faute de manger; d'ailleurs c'est cependant l'oiseau le plus facile à apprivoiser; il fait des petits et les élève dans des volières à la maison ; on l'apparie quelquefois avec une serine ; mais, pour y parvenir parfaitement, il faut laisser écouler une année entière avant que de le laisser approcher de la serine. Il ne faut pas même le laisser manger avec elle dans le même vaisseau ; c'est là la vraie façon de les accoutumer l'un avec l'autre.

Cet oiseau apprend les airs de flageolet, à contrefaire tout ce qu'on veut, même la voix de plusieurs autres oiseaux; on en a vu qui ont aussi appris à parler; la femelle ne chante pas moins que le mâle.

La durée de sa vie est d'environ cinq à six ans.

L'ALOUETTE.

L'ALOUETTE est trop connue pour qu'il soit besoin de la décrire. Son espèce est très-répandue, et se trouve dans toutes les contrées de l'Europe. Son

1. ALLOUETTE, 6 à 7 pouces.

2. ALLOUETTE Pipi, 5 pouces (Voyez page 147.)

3. CALANDRÉ, 7 pouces. (Voyez page 149.)

Son chant que tous le monde connaît, est très-agréable ; elle commence à se faire entendre, dès les premiers beaux jours de la fin de l'hiver, ou du commencement du printems ; elle chante pendant toute la belle saison ; mais particulièrement le matin et le soir ; plus rarement dans le milieu de la journée. Elle s'enlève en commençant à chanter, et monte tout droit en frappant l'air; plus elle s'élève, plus elle force sa voix ; elle est si forte, qu'on l'entend très-bien, quoique l'alouette soit montée si haut dans les airs, qu'on la distingue à peine à la vue. Elle baisse la voix à mesure qu'elle descend, et se tait en se posant à terre, où elle se tient sur les champs labourés et parmi les chaumes ; elle ne se perche jamais, et elle n'habite que les plaines ; elle aime à se rouler dans la poussière ou le sable léger.

L'alouette fait son nid à terre, le cache avec soin en le plaçant sur des terres couvertes et entre des mottes qui en dérobent la vue ; elle le compose de racines et d'herbes sèches :

elle pond quatre ou cinq œufs tachetés de brun sur un fond grisâtre ; elle
ne couve que quatorze à quinze jours ; et
au bout d'à peu près autant de tems, ses
petits sont en état de se passer de ses
soins. Elle fait deux pontes, quelquefois trois ; la première, au commencement de mai, la seconde en juillet,
et la dernière au mois d'août.

L'alouette donne la becquée à ses
petits ; les premiers alimens qu'ils prennent eux-mêmes, sont de petits vers,
des chrysalides ou œufs de fourmis,
et différens insectes. Sa nourriture ordinaire, quand elle a acquis sa grandeur, consiste en différentes graines,
et en pousses de différentes herbes. On
nourrit en cage les petits avec une
pâtée composée de chenevis écrasé, de
mie de pain et de cœur de bœuf haché. On la rend meilleure, si on y
ajoute ce que les oiseleurs appellent,
du pain de pavot, et dont on râpe une
certaine quantité pour la mêler à la
pâtée ; l'alouette s'accoutume ensuite
à vivre de grain, et principalement
de froment. On l'élève et on la nourrit en volière à cause de l'agrément

de son chant ; elle s'apprivoise aisément, et peut même devenir très-familière si on prend la peine de l'y habituer, on peut de même varier son chant, et lui apprendre en peu de tems à sifler des airs qu'elle répète plus complettement et avec plus d'agrément que les autres oiseaux auxquels on donne aussi la même éducation.

Il y a diverses variétés dans le plumage des alouettes ; il y en a de blanches et de noires etc., et plusieurs oiseaux qui se rapprochent d'elle, tels que la *farlouse*, que l'on nomme *alouette des prés*, le *cujelier*, l'alouette *pipi*, la *calandre* ou la *grosse alouette*, et le *cochevis*.

L'ALOUETTE PIPI.

Le nom de pipi est évidemment dérivé de son cri. On compare aussi le cri de cette alouette, du moins son cri d'hiver, à celui d'une sauterelle ; mais il est un peu plus perçant : l'oiseau le fait entendre, soit en s'élevant de terre où il court très légèrement, ou en se perchant sur les branches les plus élevées des arbrisseaux et des buissons, quoique cette alouette ait l'ongle de derrière fort long, elle se perche sur les petites branches (1).

Lorsqu'au printems, le mâle pipi ramage sur les branches, c'est avec action; il se redresse, il épanouit ses ailes et entr'ouvrant son bec, tout annonce que c'est un chant d'amour; de sa branche il s'élève dans les airs, il y plane et retombe en chantant et pour ainsi dire à la même place.

Cet oiseau chante agréablement, son ramage est simple, mais il est doux, harmonieux et nettement prononcé.

L'alouette pípi, de concert avec sa femelle, fait son nid sans prétention, et le cache sous le gazon : aussi arrive-t-il souvent que les œufs et les petits

____

(1) L'ongle de cette alouette est plus recourbé, et beaucoup moins long que celui de l'alouette ordinaire.

sont la proie des serpens. La ponte est communément de cinq œufs, d'un blanc verdâtre, marqués de brun sur le gros bout. Ce petit oiseau est fort délicat ; on peut en juger par sa grosseur et par son bec : aussi ne vit-il que d'insectes mous, et de petites graines tendres. La durée de sa vie est de cinq à six ans.

LA CALANDRE,

ou GROSSE ALOUETTE.

CET oiseau est plus grand que l'alouette ; il a aussi le bec plus fort ; il lui ressemble par l'ensemble et par les détails ; il a les mêmes mœurs et la même voix, sinon qu'elle a plus d'étendue.

La calandre a la voix si agréable, qu'en Italie on dit d'une personne qui a une belle voix et de la justesse, qu'elle chante comme une calandre. De même que l'alouette, elle joint à ce talent naturel celui de contrefaire tous les sons analogues à ses organes.

Pour avoir des calandres qui chantent bien ; il faut les élever dans le nid, en préférant la couvée du mois d'août. On leur donnera pour première nourriture, une patée composée de cœur de mouton, et de graines de millet ; par gradation on augmentera la dose de la graine jusqu'à ce qu'elles soient fortes ; ensuite on ne leur donnera que de la graine mêlée avec de la mie de pain ; cela leur suffira jusqu'à ce qu'elles mangent seules des graines de toute espèce. On aura soin que la cage soit couverte d'une toile , de la placer au grand air et d'y mettre un plâtras et du sablon , pour s'y égayer lorsqu'elles seront tourmentées par la vermine.

C'est à ces conditions qu'on élevera les calandres, que sans cesse elles feront retentir les airs de leurs joyeux accens, et de ceux des autres oiseaux qu'elles auront entendus, ou de ceux qu'on leur aura appris.

On distingue le mâle de la femelle, en ce qu'il est plus gros, que

1 **CUJELIER**, *5 pouces ½. (Voy. pag. 154.)*   2 **FARLOUSE**, *5 pouces ½*

3. **COCHEVIS**, *7 pouces. (Voyez page 151.)*

son collier est plus noir. Cette espèce niche à terre sous une motte de gazon bien touffue : le nid contient quatre ou cinq œufs.

Cet oiseau est assez commun en Provence, où on le nomme *coulassade;* dans les Pyrénées et en Sardaigne.

LE COCHEVIS,

OU LA GROSSE ALOUETTE HUPPÉE.

LE cochevis a le bec plus long, et l'ongle du doigt de derrière beaucoup plus petit que l'alouette ordinaire. Il est moins commun qu'elle, et a les mêmes facultés, les mêmes mœurs; enfin on l'élève avec les mêmes procédés. Ces oiseaux, qui ont tant de ressemblance, ne peuvent vivre ensemble.

Ils se battent avec une animosité qui terminerait bientôt la vie de l'un ou de l'autre, et peut-être de tous les deux à la fois, si l'on ne s'empressait de les séparer. Le cochevis se tient sur les bords des chemins; on le voit assez fréquemment sur les murs de clotûre, où il se laisse approcher de très-près, ce qui ferait croire qu'il ne fuit point la vue de l'homme. Cependant si l'on veut jouir de tous ses agrémens, il faut qu'il soit élevé à la brochette, car, pris adulte, il conserve toujours un caractère sauvage; mais lorsqu'on l'a élevé, il n'y a point d'oiseau plus familier, ni qui soit si attaché à celui qui en prend soin.

Si l'on veut instruire cet oiseau, il faut l'éloigner de tout autre, et lui répéter soir et matin l'air ou les phrases qu'on veut lui apprendre, sans mélange d'aucun autre, et successivement jusqu'à quatre ou cinq airs : car, sans ces précautions, son chant ne serait qu'un composé bizarre et mal assorti de tout ce qu'il aurait entendu. Le cochevis peut être mis (et même au premier rang) parmi les oiseaux imitateurs, parce qu'il rend la leçon avec cette justesse, cette flexibilité de gosier, et cette pureté d'organe, propre à imiter tous les sons et même à les embellir.

LA FARLOUSE,
ou L'ALOUETTE DE PRÉS.

CETTE alouette a le chant très-agréable, et si doux que deux de ces oiseaux n'affecteraient point les organes sensibles d'un malade. Elle est aussi élégamment découplée, et son allure est jolie.

Cet oiseau se perche comme les autres oiseaux.

La farlouse n'a de l'alouette que le vol et la conformation des ailes, et le doigt postérieur peu recourbé, mais beaucoup plus court. Elle vient en avril comme le rossignol, et fait son nid à terre dans les prés, près des arbres qui bordent les endroits marécageux. Elle fait trois ou quatre œufs, à ce qu'on dit, et s'en va au mois d'août ou de septembre.

LE CUJELIER,
ou ALOUETTE DES BOIS.

Le cujelier est une espèce d'alouette. Cet oiseau ressemble pour la couleur à l'alouette huppée, mais il est plus petit qu'elle. Sa poitrine est jaune, avec des mouchetures d'un gris obscur ou noir, ainsi que sa tête près des yeux et du bec; le dessous de sa gorge est pareillement blanchâtre, mais plus faiblement que la poitrine. Le dessous de son col, son croupion, ses ailes et sa queue tirent sur le bai ou le châtain pâle.

Le cujelier chante très-joliment, non-seulement pendant le jour, mais encore pendant la nuit, comme fait le rossignol; on le prend dans le nid, à cause de l'agrément de son chant, pour le conserver en cage, et on l'élève de même que le rossignol. Lorsqu'il est parvenu à sa grandeur naturelle, on ne lui donne plus alors que du panis et du millet. Il fait son nid dans quelques vallées où se trouvent des arbres touffus ; et il le construit sur le modèle de celui de l'alouette commune. Cet oiseau vit environ huit à dix ans.

Soins à donner aux alouettes malades.

Quand l'alouette, de quelque espèce qu'elle soit , annonce quelque maladie ou indisposition, il faut, pour lui porter du secours, avoir soin de la tenir légèrement par le corps et non par les pattes, qu'il faut laisser en liberté ; parce que la chaleur de la main leur est très-contraire. Il faut alors bassiner les pattes avec du vin chaud, lui donner de la viande , et la mettre au grand air qui lui convient ; d'autant plus que la nature a fait surtout cet oiseau , pour jouir d'un air libre et vif. Le froid, loin de lui être contraire, lui est favorable. Elle est un peu moins grosse que l'alouette proprement dite.

LE ROSSIGNOL.

Le rossignol est de tous les oiseaux celui dont le chant est le plus mélodieux : aussi occupe-t-il la première place, suivant les naturalistes, parmi les oiseaux de chant. Il est à peu près de la grosseur de la fauvette : sa tête, son col et son dos sont communément d'un gris brun tirant sur le roux : sa gorge, sa poitrine et son ventre sont gris blancs, plus foncés à la partie inférieure de la gorge, et très-clairs sur le ventre : les ailes sont mélangées de gris brun et de blanc roussâtre : la queue est nuancée de brun plus ou moins roux : chaque pied a trois doigts en avant, et par-derrière un quatrième dont l'ongle est courbé en arc.

On distingue le mâle de la femelle par son plumage, qui est d'un gris plus cendré; mais le vrai caractère distinctif, c'est que l'anus du mâle forme un tubercule ou éminence qui excède de deux lignes au moins le niveau de la peau, tandis que cela ne se rencontre pas dans la femelle. Il y a plusieurs espèces de rossignols : 1.º le *grand rossignol*, qui habite les plaines : il est un peu plus grand que le rossignol ordinaire ; il est cendré presque partout le corps , et a fort peu de roux ; il l'emporte de beaucoup par son chant sur le rossignol ordinaire ; 2.º le *rossignol de muraille*, qui fait son nid dans les trous de muraille : c'est delà que lui est venu son nom. Il s'en trouve de deux variétés : l'une est cendrée ; c'est la variété du mâle : et l'autre est à poitrine tachetée ; c'est la variété de la femelle.

Le rossignol ne vit point en société de même que les autres oiseaux : aussi ne place-t-il jamais son nid dans le voisinage d'un autre. Il est de sa nature craintif et sauvage , et ce n'est qu'avec peine qu'on peut l'apprivoiser : cependant on parvient à le rendre familier. Il est jaloux de sa femelle, vorace , gourmand. Quoiqu'il cherche toujours un endroit à l'abri du vent du Nord , on l'a vu néanmoins résister plusieurs fois au froid , et chanter, même en plein air, sur un arbre pendant les jours de froids piquans qui règnent quelquefois en avril. Il n'est, pas par conséquent, aussi délicat qu'on l'a pensé jusqu'à présent. On en a conservé pendant douze et quinze ans, et même davantage. C'est un oiseau de passage : il ne paraît guère avant la mi-avril, et dès la fin d'octobre on n'en voit plus pour l'ordinaire.

Lorsque cet oiseau est en liberté, il se nourrit d'araignées, de cloportes, de mouches, d'œufs de fourmis, de vers et d'autres insectes, de figues et de baies de cornouiller. Les lieux frais et ombragés, tels que les bosquets, taillis, haies vives, forment pour l'ordinaire son séjour. Il se garantit même par là du froid, qui lui est nuisible. Il n'habite que fort rarement sur les arbres élevés, si on en excepte cependant le chêne. Une observation qu'on a encore faite au sujet de l'habitation du rossignol, c'est qu'il choisit de préférence les endroits où se trouvent des échos, et que, pour chanter, il se place communément dans un lieu le plus convenable à être entendu par sa femelle pendant qu'elle couve, et à pouvoir veiller en même tems sur son nid : mais il ne se tient cependant pas toujours dans la même place; il en adopte deux ou trois, qui lui paraissent les plus avantageuses. Il s'y rend constamment pour récréer sa femelle par son chant, et pour faire en même tems sentinelle.

C'est au mois de mai que cet oiseau commence à entrer en amour : il se fabrique un nid de forme hémisphérique, et c'est avec le plus grand art qu'il le construit. Il emploie à cet effet de la paille, des feuilles d'arbres et de la mousse, et il arrange si bien ces divers matériaux, qu'on dirait qu'ils sont collés ensemble pour ne former qu'un seul tout. Cependant, si on manie un peu rudement ce petit édifice, il est bientôt détruit. Ce nid est pour l'ordinaire placé dans des bosquets épais, de façon néanmoins que le soleil, à son lever et à son coucher, y puisse darder ses rayons : mais, pour les rayons brûlans du soleil du midi, notre architecte a grand soin d'en défendre son édifice. On trouve encore quelquefois les nids de rossignols placés à terre sous des haies et des rejetons d'arbres, et d'autres fois à une petite élévation de la terre, dans des buissons verts et touffus. Quand les nids des rossignols sont ainsi placés, il arrive rarement que leurs pontes réussissent; les œufs ou les petits deviennent presque toujours la proie des renards, des fouines, des belettes, des chiens de chasse et d'autres animaux.

La ponte des femelles est de trois œufs, quatre ou cinq au plus, fort jolis, d'une écaille très-fine, et d'une couleur obscure d'olives. Chaque femelle ne fait guère que trois pontes par année; encore la dernière ne réussit que très-rarement, d'autant qu'elle tombe au mois de septembre, et que c'est pour l'ordinaire dans ce mois que le froid commence à se faire sentir. La première ponte est la meilleure, et les petits qui en proviennent ont plus de force et de vigueur que ceux des autres pontes; ainsi ils doivent l'emporter de beaucoup pour le chant sur ceux des dernières pontes. Un autre agrément qu'on a encore en se procurant les petits de la première, c'est que la mue, si meurtrière pour les oiseaux, arrivant durant l'été, ceux-ci y résistent plus facilement. Au bout de dix - huit jours les petits commencent à éclore; on les sèvre au bout de douze ou quatorze jours.

Rien n'est plus facile que de découvrir les nids pour en élever les petits : comme le rossignol mâle ne s'éloigne jamais beaucoup de son nid, il ne s'agit que de se rendre le matin, au lever du soleil, ou le soir à son coucher, vers l'endroit où on l'a entendu chanter les jours précédens, pourvu qu'on se tienne tranquille sans faire le moindre bruit; les allées et venues du mâle et de la femelle, et les cris des petits, décèleront bien vite ce que l'on cherche. Mais on se gardera bien, si on veut élever les petits du rossignol, de les tirer hors du nid, ou du moins de les enlever avec leurs nids, qu'ils ne soient bien couverts de plumes. Après les avoir ainsi soustraits à leurs père et mère, on les mettra avec le nid ou de la mousse dans un panier de paille ou d'osier, muni de son couvercle, qu'on tiendra cependant un peu ouvert pour la communication de l'air, et on ne placera le panier que dans un endroit qui

7 *

ne soit pas des plus fréquentés. On leur préparera pour nourriture du cœur de mouton ou du veau cru : on en enlèvera exactement les peaux, les nerfs et la graisse, et on le hachera fort menu ; il faut y mêler moitié de pain de pavot râpé très-fin : on en formera des boulettes de la grosseur d'un petit pois, et on donnera aux petits rossignols de ces boulettes, huit ou dix fois par jour. A défaut de ces boulettes, on leur donnera du jaune d'œuf dur ; on aura attention de les faire boire deux on trois fois par jour avec un peu de coton trempé dans l'eau. On pourrait aussi leur donner pour nourriture une préparation faite avec de la mie de pain, du chenevis broyé et du bœuf bouilli, et haché avec un peu de persil. On peut donner aux rossignols, toute leur vie, la nourriture de cœur et de pain de pavot, en les changeant cependant de tems en tems, et leur donnant des insectes qu'ils aiment.

On continuera de tenir les petits dans un panier couvert, jusqu'à ce qu'ils commencent à se bien soutenir sur leurs jambes : on les mettra alors dans une cage, dont on garnira le fond de mousse nouvelle. Dès qu'ils pourront prendre la nourriture au bout d'un petit bâton, et dès qu'on s'apercevra qu'ils veulent manger seuls, on attachera à leur cage un morceau, de la grosseur d'une noix, de cœur de bœuf préparé de la façon prescrite ci-dessus. On mettra aussi dans la cage une auge pleine d'eau, et on renouvellera cette eau une ou deux fois par jour, surtout pendant les grandes chaleurs de l'été : on renouvellera aussi leurs alimens solides, qui pourraient très-bien se corrompre en peu de tems dans cette saison. Quand les petits mangeront seuls, on mettra leur nourriture dans les augets de la cage; on en garnira le fond d'une petite pierre carrée pour que cette nourriture puisse s'y conserver sans se gâter : on placera la pâte d'un côté et le cœur de l'autre. On connaît le mâle de la nichée, à ce qu'on dit, aux signes suivans : dès qu'il a mangé, il se perche et s'essaye à former des sons; du moins on peut en juger par le mouvement de sa gorge.

Il se tient assez long-tems ferme sur un seul pied, et quelquefois il voltige tout autour de sa cage avec une ardeur inquiète et une espèce de fureur.

Quand on veut apprendre à un jeune rossignol mâle des airs sifflés ou de flageolet, dès qu'il peut manger seul, on le met dans une cage couverte de serge verte; on le place dans une chambre éloignée, non-seulement de tout oiseau étranger, mais encore des autres rossignols tant jeunes que vieux, pour qu'il ne puisse entendre aucun ramage: on mettra la cage les huit premiers jours à côté de la fenêtre ou à la clarté du plus grand jour de la chambre, après quoi on l'éloignera peu à peu jusqu'au fond de la chambre, et on l'y laissera tout le tems qu'on sifflera le rossignol.

Mais il ne suffit pas encore que le rossignol auquel on veut apprendre des airs, soit éloigné de tout autre oiseau; il faut encore qu'il soit tranquille, et qu'il ne vienne presque personne dans l'endroit où on l'a placé.

Quant au tems et aux heures qu'il faut observer pour le siffler, voici l'usage le plus communément reçu ; ce n'est pas à force de leçons qu'on parvient à lui apprendre à siffler plus vite, c'est une erreur dans laquelle tombent bien des gens ; une demi-douzaine de leçons par jour suffit, deux le matin en se levant, deux autres dans le milieu de la journée, et autant le soir en se couchant. Les leçons du matin et du soir seront les plus longues, l'oiseau est moins dissipé, et il retient alors plus aisément : à chaque leçon on répète au moins dix fois l'air qu'on lui enseigne ; mais il faut avoir attention de lui siffler ou jouer le même air tout de suite, sans lui répéter deux fois le commencement ou la fin : on ne lui en apprendra que deux au plus ; on doit se trouver content quand un rossignol en sait chanter deux.

L'instrument dont on se servira pour les instruire doit être plus moelleux et plus bas que celui du petit flageolet ordinaire, ou des serinettes propres à siffler les serins de canarie et autres petits oiseaux : on se servira donc à la place de ceux-ci d'un gros flageolet fait en flûte à bec ; son ton grave et plein convient mieux au gosier du rossignol. On pourrait très-bien construire un instrument dont les tons seraient semblables à celui de ce flageolet, et on nommerait cet instrument *rossignolette* : on ne se fatiguerait pas par ce moyen la poitrine. Il est cependant vrai de dire qu'en sifflant un oiseau avec la bouche, on peut plus facilement se conformer à son ton naturel ; et, quand même on ferait quelque faute, ou qu'on ne pourrait pas donner à l'air les ports de voix et les inflexions qui le rendraient gracieux, l'oiseau lui redonnerait ce qui manquerait du côté de l'agrément.

Il faut profiter du jeune âge du rossignol pour l'instruire ; autrement on court risque de perdre son tems et ses peines ; mais il ne faut pas s'attendre que cet oiseau puisse répéter une partie des leçons qu'on lui a données, même après la mue : il s'en est trouvé qui ne l'ont fait qu'après l'hiver ; c'est la raison pour laquelle il ne faut pas se rebuter lorsqu'on les siffle, s'ils ne profitent pas de suite.

Si l'on veut faire chanter un rossignol en domesticité, il faut lui rendre son domicile agréable, lui tendre sa prison, sa cage, de serge verte, l'ombrager de feuillage, étendre de la mousse sous ses pieds, le mettre dans un endroit chaud, et éloigné de tout ce qui pourrait lui faire peur. Pour parvenir à les faire parler, il faut les instruire, précisément dans un endroit où ces oiseaux ne puissent entendre d'autres voix que celle de la personne qui leur donne des leçons. Cette personne leur inculque assidûment ce qu'elle veut leur faire entendre : elle les caresse même à cet effet en leur donnant quelques friandises.

Les rossignols sont assez dans l'habitude de se baigner le soir après avoir chanté; et, s'ils aiment l'eau, le feu leur plaît aussi beaucoup, de manière que, s'ils s'échappent de leur cage, ils ne manqueront pas de se précipiter sur la chandelle ou dans le feu, s'il y en a. Ils ne veulent point être maniés : s'ils se salissent les pattes, il faut leur donner de l'eau, et ils sauront bien se nettoyer eux-mêmes.

Mais c'est assez parler des jeunes ros-

signols; venons actuellement aux vieux.
Lorsqu'on a bien remarqué l'endroit
où un rossignol a enfin établi sa demeure, rien n'est plus facile que de l'attraper, au moyen des vers de farine
que cet oiseau aime beaucoup. Il ne
s'agit que de les mettre à la portée de
sa vue, et alternativement jusque dans
une grande cage déguisée par des
feuillages, dont la porte ne tient qu'à
un fil que l'on lâche. Les rossignols
donnent dans tous les piéges, parce
qu'ils sont peu défians, et qu'ils veulent
tout voir et tout entendre. Leur curio-
sité et leur voracité les font prendre
indubitablement. Le vrai tems pour
cette espèce de chasse est depuis le
commencement d'avril jusqu'à la fin ;
ceux qui sont pris plus tard, et lorsqu'ils sont déjà accouplés, ne chantent
presque plus du reste de l'année. Pour
ce qui est de l'heure propre à les attraper, c'est au lever du soleil, tems où
l'oiseau, se trouvant à jeun et beaucoup
plus vorace, est plus avide de vers et
d'insectes : la veille au soir on se rend
au lieu qu'on a remarqué propre pour
tendre le filet le lendemain ; après y
avoir

avoir un peu remué la terre, on y en-
fonce une petite baguette longue d'un
pied, à l'extrémité supérieure de laquelle on attache quelques vers de
farine. Au point du jour, le rossignol,
en cherchant sa nourriture, aperçoit
les vers dont il doit faire sa proie, et
il revient sûrement au même endroit:
ainsi dès qu'on trouve tous les vers
mangés dans cet endroit, on y tend
son filet, et on est sûr d'y prendre
l'oiseau (1).

Lorsqu'on en est maître, on le tire
adroitement du trébuchet, afin de lui
conserver son plumage, et de ne point
lui casser les pattes : on le transporte
chez soi dans une espèce de bourse
construite de manière que l'oiseau
puisse entrer d'un côté et sortir de
l'autre : on le met ensuite dans une
cage qu'on place au-dehors d'une fe-

____

(1) On trouvera l'art de prendre les oiseaux, enseigné fort en détail, et par un
nombre considérable de figures, dans le
TRAITÉ DE LA CHASSE AUX OISEAUX, 1 vol.
in-12, à Paris, chez Audot, libraire, rue
des Mathurins-Saint-Jacques, N.º 18.

nêtre, et qu'on attache solidement sous
un petit auvent, à l'exposition du soleil levant.

Cette cage sera construite avec des
planches de sapin ou de hêtre bien
saines et bien sèches, en forme de
caisse carrée de seize pouces de longueur, sur quatorze de hauteur et dix
de profondeur. Le devant en est fermé
par une grille de fil de fer ou de bois.
On recouvre dans les premiers jours
cette cage avec une serge verte qu'on
arrête par le moyen de petits clous :
la portière en est placée sur le côté et
au bas ; elle sera assez grande pour
que la main puisse y entrer et sortir
aisément, afin de pouvoir donner à
manger et à boire à l'oiseau sans l'effaroucher. Au-dessus du pot destiné à
mettre la mangeaille ou la pâtée, on
pratiquera au haut de la cage un petit
trou pour pouvoir y mettre un entonnoir de fer blanc, au moyen duquel
on pourra jeter au rossignol les vers
de farine. C'est donc dans une pareille
cage, ainsi couverte et obscure, qu'on
tiendra le rossignol nouvellement pris,
et pendant tout le tems qu'il a cou-

tume de chanter. Mais quand on sera
au mois de juillet, on l'habituera peu
à peu au grand jour, en élevant insen-
siblement la serge qui ferme le devant
de la cage. Quelques amateurs con-
seillent de le mettre dans une autre
cage; mais celle-ci, dont ils donnent la
description, peut très-bien être la première demeure du rossignol : il suffit
uniquement de lui mettre un double
fond, et de pratiquer une seconde
porte en devant, afin de le pouvoir
mettre en liberté quand on le veut.

Quant au boire et au manger, dès
que l'oiseau ne sera plus dans l'obscurité, on placera les pots qui contien-
nent l'un et l'autre un peu plus haut,
à la hauteur des bâtons; tant et si long-
tems que le rossignol est privé du
grand jour, il ne faut pas nettoyer sa
cage de peur de l'effaroucher, il n'en
résulte aucun inconvénient pour les
pattes de cet oiseau, car dans sa prison il est presque toujours sur ses bâtons : il ne descend que pour manger
et boire. Rendu à la lumière, on ne
sera pas même obligé de le nettoyer
bien souvent : il suffit de répandre sur

le fond de sa cage de la mousse sèche ;
la fiente de l'oiseau s'y dessèche bien
vîte : l'entonnoir qui servait à faire
tomber dans les pots la pâte, les vers
de farine, devient alors inutile ; car
on peut très-bien habituer l'oiseau à
venir les prendre à la main. Il est à
observer que, si on donne trop de vers
de farine au rossignol, il devient maigre : l'excès les fait même tomber toujours dans l'étisie.

On se sert quelquefois des rossignols pour élever les petits qu'on leur
a pris : on les fait même nicher ; mais
il faut auparavant les apparier : il ne
s'agit pour cela que de tendre deux
filets près de l'endroit où on aura découvert un nid : il ne faut pas cependant que ce soit au commencement du
printems, afin qu'il soient déjà au
fait d'élever des petits. Le mâle et la
femelle seront bientôt pris. On les
place alors dans une grande volière
ou dans un cabinet, où il n'y ait que
très-peu de jour ; ils se chargeront
eux-mêmes du soin d'élever leur famille : on leur donne à boire, et on
leur prépare un mélange de mie de

pain, de chenevis broyé et de foie de
bœuf bouilli et haché avec un peu de
persil. On y ajoute de tems en tems un
jaune d'œuf dur, ou bien la pâte dé-
crite ci-dessus. Quand les petits mangeront seuls, on en séparera le père
et la mère, que l'on mettra dans deux
cages différentes, et on les y laissera
jusqu'au printems suivant : on les mettra alors en liberté dans le cabinet, et
on y jetera des feuilles sèches de chêne,
du chiendent, de la mousse, et un ou
deux nids de rossignols qu'on aura
conservés des années précédentes. On
placera dans un des angles de la volière ou du cabinet une botte de bran-
chages secs, dont on assujettira le gros
bout : on imitera ainsi un buisson dans
lequel ces oiseaux ont coutume de
construire leurs nids. On mettra aussi
dans le cabinet une petite caisse pro-
fonde de deux ou trois pouces et de
trois pieds de diamètre, qu'on rem-
plira de terre ; et une petite baignoire
de terre ou de faïence, dont on renouvellera l'eau tous les jours. Dès que la
femelle commencera à couver, on
ôtera la baignoire, de peur qu'en sor-

tant de l'eau, et étant entièrement mouillée, elle n'aille se remettre sur ses œufs, qui pourraient très-bien en souffrir.

Le cabinet ou la volière où on les mettra doit être exposé au midi. On a observé plusieurs fois qu'on pouvait lâcher le père et la mère tant et si long-tems que les petits ne sont pas en état de voler ni de manger seuls, sans craindre de les perdre ; il suffit seulement d'avoir l'attention de ne pas les laisser sortir tous deux à la fois , mais de lâcher d'abord le mâle seul , ensuite la femelle encore seule ; après quoi seulement tous les deux ensemble : mais il faut surtout que l'ouverture par laquelle ils sortent et rentrent, soit proche de leur nid. Ils profiteront de cette liberté pour attraper mille espèces d'insectes qu'ils apporteront à leurs petits. On se gardera bien encore d'entrer souvent dans le cabinet tandis que le mâle et la femelle ont la liberté d'en sortir, et de n'y laisser entrer surtout aucun animal, tel que chien, chat, etc. Il n'en faudrait pas davantage pour les empêcher de rester dans leur demeure.

1 . TROGLODYTE , *3 pouces ¾. (Voyex page 181.)

2 . ROSSIGNOL de Murailles , 5 pouces ¼.

3 . FAUVETTE à tête noire , 5 pouces ½ (Voyex page 177.)

4 . ROSSIGNOL , 6 pouces. (Voyex page 156.)

LE ROSSIGNOL DE MURAILLES.

Cet oiseau se nomme parmi nous rossignol de murailles, et, suivant quelques auteurs, *rouge queue.* Il ressemble en tout temps au rossignol franc, quoiqu'il soit un peu plus grand ; il en diffère seulement pour les couleurs. Il y en a de deux sortes, l'un plus grand et l'autre plus petit. Le plus grand est un peu au - dessous de la grandeur d'une grive. Son bec est noir, mais peu foncé en couleur. Sa tête et son col sont cendrés, avec quelque mélange de couleur de terre ; sa poitrine et son ventre tannés.

Le rossignol de murailles habite dans les mêmes endroits, et se voit dans le même tems que le becfigue (1) ; il aime cependant plus les montagnes et la fraîcheur que les plaines ; on le voit pendant l'été et les deux premiers

____

(1) Voy. le *Traité de la chasse aux oiseaux*, à Paris, chez Audot, libraire.

mois de l'automne ; mais il s'en va au mois de novembre pour éviter la ri- gueur de l'hiver. Il chante au printems comme le rossignol franc : il couve dans quelques trous d'arbres, et quel- quefois dans quelques souches près de terre, ou dans une crevasse de quel- que vieux bâtiment, y faisant deux ou trois œufs par couvée. Il remue sou- vent la queue comme le rouge gorge.

Il se nourrit à la campagne de diffé- rentes baies, surtout de celles du cor- nouiller femelle, dit sanguin, et de quelques figues ou de fruits de ronce, de mouches, d'œufs de fourmis, ou d'autres choses de pareille nature. Si on veut l'élever à la maison, pour qu'il chante, on le gouvernera de même que le rossignol franc ; encore même avec plus de soin, parce qu'il est plus sauvage. Outre la pâte ordi- naire, du cœur, on lui présentera en- core pour aliment de petits morceaux de pain et des noix mâchées. Le mâle qu'on doit rechercher pour le chant aura la poitrine plus tachetée, et d'une couleur tirant plus sur le rouge. Celui qui habite les champs chante au printems jusqu'à l'entrée de l'été, et cesse de chanter quand il a couvé. Il est dans l'habitude de chanter le matin de bonne heure, tantôt sur les broussailles, tantôt sur quelque bâtiment inhabité. Celui qu'on a élevé en cage, chante à toute heure, même pendant la nuit; il apprend à siffler et à contrefaire les autres oiseaux, pourvu qu'il soit instruit.

Le rossignol de murailles vit environ six à huit ans.

LA FAUVETTE a tête noire.

La fauvette à tête noire est un petit oiseau qui a le sommet de la tête noir, d'où lui vient son nom. Son cou est cendré, et tout le dos d'un vert obscur; sa poitrine est d'un cendré clair; le bas de son ventre est d'un blanc jaunâtre; son bec est noir, plus menu que celui de la mésange, et ses pieds son plombés. Il n'y a que le mâle qui ait le sommet de la tête noirâtre, sa femelle l'ayant d'un jaune roussâtre. On trouve en France dix espèces de fauvettes ; mais celle que nous décrivons doit avoir la préférence à cause de la beauté de son chant, qui est plus doux que celui du rossignol, et qui se fait entendre beaucoup plus long-tems.

La fauvette à tête noire est un oiseau de passage ; elle fait son nid deux fois l'année, à la fin du mois de mai et au mois d'août : elle le fait néanmoins tantôt plus tôt, tantôt plus tard : elle le place dans les arbrisseaux, les haies de lierre et de laurier : elle le construit avec de mauvaises racines d'herbes, ou des écorces de bryone ou de vignes, suivant les différens endroits où elle se trouve : elle le revêt en dedans de crin. Elle y pond d'une couvée quatre ou cinq œufs, dont le fond est d'un blanc de lait semé de taches brunes roussâtres.

L'habitude de la fauvette à tête noire est de courir çà et là sur les buissons, en chantant continuellement. Au printems, quand il a plu, elle passe légèrement sur les herbes encore mouillées; c'est ainsi qu'elle se baigne. De tous les oiseaux qu'on élève en cage, il n'y en a point qui connaisse plus particulièment son maître : il en donne même des signes par une manière de chanter différente de l'ordinaire, dès qu'il l'aperçoit autour de sa cage, et par un battement d'ailes continuel, en descendant au bas de cette même cage, et en s'approchant des barreaux le plus qu'il est possible.

Son chant est à peu près semblable à celui du rossignol, ainsi que nous l'avons observé : il n'est pas cependant si fort, il n'a point de clefs qui durent si long-tems : d'ailleurs il n'a pas tant de changemens. Cet oiseau chante jusque bien avant dans le mois de juin. Il se nourrit en campagne de mouches et de vers.

Quand on veut l'élever en cage, il le faut prendre au filet encore jeune : sitôt qu'il est pris, on lui lie les extrémités des ailes, et on lui donne la même nourriture qu'on donne aux jeunes rossignols, c'est-à-dire, du cœur de mouton. Il ne tarde pas à siffler son chant ordinaire, et il imite même le chant des différens oiseaux qui l'avoisinent. Quand on prend les petits de la fauvette à tête noire dans le nid, ils n'apprennent pas moins tout ce qu'on leur enseigne. Quelques amateurs sont dans l'usage de donner à cet oiseau pour nourriture de la farine de châtaigne : ils attachent aussi aux barreaux de la cage une figue sèche après l'avoir mâchée.

Il est à observer qu'après la mue, c'est-à-dire au mois d'août, ces oiseaux prennent leur couleur naturelle, leur tête devient noire au-dessus, et que vers le tems de leur passage ils s'agitent et se tourmentent si fort dans leur cage, surtout pendant la nuit, qu'il en périt souvent un grand nombre. Mais quand ils ont une fois atteint un certain nombre d'années, ils cessent de se tourmenter. On en a conservé en cage pendant dix ans. Quand la fauvette est bien soignée, elle vit ordinairement cinq ou six ans. Il faut surtout la maintenir propre ; autrement elle tombe dans la maladie, et il lui survient aux pieds un mal qui la fait mourir en peu de jours, si on n'y apporte un prompt secours. Le vin chaud est très-bon pour

y remédier. On confond quelquefois
la fauvette à tête noire avec la fauvette
babillarde : elles diffèrent néanmoins
l'une de l'autre en ce que la fauvette à
tête noire a le dedans du bec de couleur rouge ou vermeille, tandis que
la fauvette babillarde l'a de couleur
jaune.

LE TROGLODYTE,

IMPROPREMENT APPELÉ ROITELET.

Le troglodyte est un des plus petits
oiseaux de l'Europe; il n'a que trois
pouces neuf lignes de longueur depuis
le bout du bec jusqu'à celui de la queue.
Les parties supérieures de la tête et
du cou, le dos, les plumes scapulaires
et le croupion, sont d'un brun tirant
un peu sur le roux. Les couvertures
du dessus de la queue sont de la même
couleur : elles approchent cependant
un peu plus du roux; la gorge est d'un

blanc sale. Le ventre, le côté et les couvertures du dessous de la queue, sont d'un brun tirant un peu sur le roussâtre. Le troglodyte a très-souvent sa queue relevée.

Le véritable *roitelet* est encore plus petit que celui-ci. C'est le plus petit de tous les oiseaux d'Europe. Les plumes qui couvrent le sommet de sa tête sont longues et d'un bel orangé ; l'oiseau les redresse, et elles lui forment une huppe éclatante. Le derrière de la tête et du cou, le dos, le croupion et le dessus de la queue sont olivâtres. Le dessous du corps est gris. Le bec est noir ; les pieds et les ongles sont jaunâtres ; la huppe de la femelle est de couleur citron. Le *roitelet* a le cri aigu et perçant, comme celui de la saute-relle, et son chant n'est guère harmonieux.

Le troglodyte construit son nid avec de la mousse, et il lui donne la figure d'un œuf dressé sur un de ses bouts : il place l'entrée dans un des côtés. Cet oiseau se glisse dans les broussailles ou buissons ; quand l'automne est sur sa fin, et lorsque l'hiver commence, il en sort ordinairement : il va chercher dans les murailles des vers et des araignées : il se montre sur tout et se fait entendre quelque tems après qu'il a neigé. Quand il chante, il le fait si fortement, et en même tems si agréablement, qu'on désirerait toujours l'entendre. Il chante presque toute l'année, mais principalement dans le mois de mai, qui est le tems qu'il a coutume de faire ses petits : sa ponte est de cinq ou six œufs. On prétend qu'il vit trois ou quatre ans. Le troglodyte peut vivre pendant quelque tems dans une chambre ; mais à la fin il disparaît sans qu'on puisse savoir comment. Les oiseleurs s'y prennent de la même façon, pour l'attraper, qu'ils font pour les mésanges.

Cet oiseau, quand il est à terre, va toujours en sautillant ; il est extraordinairement vif, et d'un naturel si pétulant, qu'il court continuellement de côté et d'autre, sans jamais retourner au même endroit, à moins qu'il n'y ait son nid. Olina, auteur italien, recommande d'en élever pour le chant ; mais il faut pour cet effet, selon cet auteur, les prendre dans leurs nids. Il décrit même la cage qui convient pour élever cet oiseau : il veut qu'elle soit de fil de fer, et qu'il y ait une espèce d'auget à peu près semblable à ceux dont on se sert pour lui donner à manger : cet auget sera doublé d'étoffe et bien fermé tout autour, excepté seulement du côté du dedans de la cage, par où il peut entrer, au moyen d'un petit trou rond, capable seulement de le contenir. Vis-à-vis cet auget, il y en aura trois autres réunis ensemble ; celui qui est à droite sera destiné pour y mettre du cœur de mouton haché ; celui qui est à gauche contiendra la même pâte qu'on donne aux rossignols ; et celui du milieu, qui sera un peu plus large, servira d'abreuvoir : il sera toujours plein d'eau, et même en assez grande quantité pour que l'oiseau s'y puisse baigner. On est encore souvent dans l'usage d'attacher dans un des côtés de la cage une espèce de petite niche, faite de paille ; il s'y repose très-bien, et même plus volontiers qu'ailleurs, d'autant que l'on donne à ce réceptacle une forme semblable à celle

de son nid. On observera ponctuelle-
ment pour l'élever la même méthode
que nous avons indiquée pour le rossignol. On aura surtout attention que
pendant ce temps, il ne mange trop
de mouches, parce qu'elles pourraient
le constiper : cependant sa nourriture
de campagne n'est autre chose que de
ces mêmes mouches, des moucherons,
des fourmis, des vers, des araignées et
d'autres choses semblables, mais la
domesticité change en quelque façon
leur nature.

On peut dire qu'en général ces oiseaux sont fort dociles à élever pour
les nourrir en cage, lorsqu'ils sont petits; mais quand ils sont une fois élevés,
ils s'apprivoisent si bien qu'on peut les
laisser sortir de leur cage, sans craindre
qu'ils s'en aillent, ni qu'ils disconti-
nuent de chanter. Le caractère du troglodyte, c'est d'aimer la solitude : il se
tient toujours seul; aussi s'il se trouve
avec un de ses semblables, principalement si c'est un mâle, il se bat avec lui
jusqu'à ce qu'il l'ait vaincu ou qu'il en
soit vaincu.

LES BERGERETTES

ou BERGERONETTES,

LA LAVANDIÈRE.

On voit les bergerettes se répandre dans nos jardins, dans la campagne, où elles se mêlent, sans défiance et sans danger, parmi les troupeaux paissans dans les prairies. Compagnes des gardiens, elles suivent ces hommes innocens et les avertissent même de l'approche du loup ou de l'oiseau de proie.

L'affection de la bergeronette pour nous, l'emporte sur la crainte de devenir notre victime. Il n'est point d'oiseau qui se montre aussi privé, qui fuie moins loin, et qui se laisse approcher de plus près; elle ne sait même pas redouter les armes du chasseur, puisqu'elle ne le fuit point.

Ces oiseaux, amis de l'homme, se

1. **ROITELET**, *3 pouces ½ (Voy. page 182.)* 2. **BERGERONNETTE**, *7 pouces.*

3. **ROUGE-GORGE**, *5 pouces ½ (Voyez page 192.)*

4. **BERGERONNETTE** de Printems, *7 pouces.*

plient facilement à devenir son esclave.
Si on les laisse libres dans un appar-
tement, ils donnent la chasse aux
mouches, qu'ils avalent impitoyablement; et, si on les met dans un lieu
commode, mâle et femelle, ils y élè-
vent leurs petits. Lorsqu'ils ressentent
les influences de la nouvelle saison,
les mâles expriment la vivacité du
désir à leurs compagnes chéries, en
tournant autour d'elles avec les plumes
de leur dos épanouies, en leur témoi-
gnant, d'un ton doux, vif et agréable,
l'amour qu'elles leur inspirent.

La bergeronette de printems, fait
son nid assez communément vers la
find'avril, dans les champs au milieu des
blés, près de terre, et y dépose cinq
ou six œufs grisâtres tachetés de brun.
Dans les trois pontes qu'elle fait assez
ordinairement par an, la dernière est
si tardive, qu'on trouve quelquefois de
ses nichées au mois de septembre : elle
se tient l'hiver comme la bergeronette
jaune, au bord des ruisseaux et près
des sources qui ne gèlent pas, excepté
pendant les grands froids, qu'elle
s'abrite sous des arbres touffus. Les

mouches, les moucherons et les petites sauterelles sont la pâture ordinaire de ces bergeronettes. L'hiver elles
vivent de vermisseaux et de leurs chrysalides, même de petites grenouilles.

La bergeronette grise, vit de même
que les autres, mais elle fait son nid
au bord des eaux, sur un osier ou
quelque rocher, près de terre, à peu
près comme la lavandière.

La lavandière arrive dans nos pro-
vinces à la fin de mars ou au commencement d'avril; elle y fait son nid à terre
proche de l'eau, sous une rive creuse
sur une touffe de gazon abritée, ou
sous une pile de bois élevée le long
des rivières. Ce nid est composé sans
art, d'herbes sèches, de mousse, de
crin, garni en dedans de plumes, où
la femelle dépose cinq œufs assez
blancs, semés de taches brunes. Elle
ne fait guère qu'une nichée, à moins
que la première ne soit détruite. Ces
oiseaux prennent le plus vif intérêt à
leur future famille; ils couvent tour-
à-tour, et avant l'exclusion et l'éducation des petits, les pères et mères
s'exposent avec un courage héroïque,

à la défense de leurs enfans lorsqu'on veut approcher de leur famille ; leur instinct admirable les porte à voltiger au devant de leur ennemi, pour faire en sorte de le déterminer à tourner ses pas d'un autre côté. Si l'on emporte leur couvée, ils suivent le ravisseur et volent au-dessus de sa tête en exprimant leurs regrets par des accens douloureux. Lorsque les petits sont en état de voler, le père et la mère les conduisent encore environ trois semaines, et leur dégorgent des insectes et des fourmis jusqu'à ce qu'ils soient assez forts pour les attraper eux-mêmes. Les lavandières viennent, pour ainsi dire, battre la lessive avec les laveuses, tournent tout le jour autour de ces femmes en recueillant les miettes qu'elles leur jettent de tems en tems. Ces oiseaux, marchant d'un petit pas, mais très preste, sur la grève des rivages, semblent imiter par le battement de leur queue, celui que font ces femmes pour battre le linge, ce qui leur a fait donner le surnom de lavandière.

Les bergeronettes, ainsi que les

rossignols, les fauvettes et les hiron-
delles, prennent leur manger avec
une promptitude singulière, et sans
qu'on puisse se persuader qu'elles
aient eu le tems de l'avaler. Dans leurs
courses tortueuses. elles chassent en
l'air les mouches, qui sont les objets
de leurs fréquentes pirouettes; d'ailleurs, leur vol est ondoyant, et se fait
par élans réitérés : leur longue queue
leur sert de gouvernail pour tourner à
volonté, et pour soutenir leur vol, en
l'écartant et en la mouvant horizonta-
lement. Lorsqu'elles sont à terre, elles
marchent avec une légèreté sans égale,
toujours en mouvement, elles battent
sans cesse l'air de leur queue : cette action, qui se fait continuellement de
haut en bas, leur a fait donner le surnom de *hoche-queue.*

Ces oiseaux ont la voix peu étendue,
mais le timbre en est clair et fort net,
même assez soutenu, pour être agréable. On voit en automne les lavandières plus fréquemment que dans tout
autre tems; cette saison leur inspire
plus de gaité. Elles se rassemblent,
jouent dans les airs, et s'abattent sur

les toits des moulins et dans les champs voisins des eaux, où elles semblent dialoguer entr'elles. On dirait même qu'elles s'interrogent et se répondent jusqu'à ce qu'un certain cri d'acclamation générale détermine l'assemblée à se transporter ailleurs.

C'est dans ce tems que les lavandières s'attroupent et font entendre leur joli ramage, inspiré par la saison et par l'agrément de la société à laquelle elles paraissent très-inclinées. Sur la fin de l'automne, plusieurs bandes de ces oiseaux se réunissent sur les arbres aux environs des ruisseaux et des rivières, où elles se font entendre par un chamailli de voix jusqu'à la nuit. Les premiers jours d'octobre elles prennent leur essor pour chercher d'autres climats.

On élève ces oiseaux avec les mêmes nourritures et les mêmes procédés qu'on met en œuvre pour les rossignols, sinon qu'il est à propos de leur donner de tems en tems de la pâtée faite avec du millet bien broyé et bien tamisé, et du colifichet.

LE ROUGE-GORGE.

LE rouge-gorge est assez connu par son nom, on le distingue par sa poitrine d'un rouge orangé; il est un peu moins gros qu'un rossignol; son bec est petit, délié et noir; son ventre est blanc, d'un gris sale; ses jambes et ses pieds sont rougeâtres; tout le reste de son corps tire sur un cendré un peu verdâtre. Cet oiseau tient sa queue élevée, et la remue continuellement. Le mâle se distingue de la femelle par les mêmes signes qui caractérisent le rossignol mâle de sa femelle. Le rouge-gorge paraît si ami de l'homme, et en même tems si famillier avec lui, qu'il entre jusque dans les maisons pendant l'hiver pour y chercher sa nourriture. Pendant l'été il est toujours seul dans les bois, dans les buissons et dans les lieux ensemencés : il n'aime pas d'avoir d'autres oiseaux autour de lui, lors-

qu'il

qu'il a une fois pris possession d'une place , il poursuit tous ceux de sa grosseur qui veulent y former leur séjour. Il est même passé en proverbe, que deux rouges-gorges ne peuvent pas se trouver sur un même buisson ; que, quand on enferme dans une même cage avec lui d'autres oiseaux, il emploie toutes sortes de ruses pour les tourmenter ; il frappe ces oiseaux sur les ailes quand ils les lèvent , et sur la poitrine vis-à-vis du cœur ; il en tue même quelquefois ou les rend malades s'ils sont encore jeunes : aussi tous les petits oiseaux le fuient dès qu'ils le voient.

Le chant du rouge-gorge est très-harmonieux ; il le fait entendre en automne et aux approches de l'hiver ; quand il chante perché sur le sommet d'un arbre, c'est signe de beau tems, disent les paysans ; et quand on l'entend chanter au pied d'une haie, c'est un indice de pluie.

La nourriture ordinaire de cet oiseau pendant l'été est tirée des insectes ; il en avale de toutes les espèces, tant volans que rampans ; il aime surtout les œufs de fourmis. En automne, quand les insectes ont disparu, on trouve pour l'ordinaire le rouge-gorge dans les buissons qui portent des petites baies, et dans les jardins, où il est même très-facile de le prendre.

Le rouge-gorge fait son nid dans les arbres creux. Willughby rapporte qu'il pratique quelquefois un long vestibule pour y parvenir, et qu'il en ferme l'extrémité avec des feuilles lorsqu'il va chercher sa nourriture ; mais Salerne dit n'avoir jamais observé de pareils vestibules ; il a seulement remarqué que quelquefois le nid se trouve caché par une espèce de rideau de mousse qui se trouve tout naturellement au devant ; il le construit à peu près comme la fauvette à tête noire, et le garnit souvent de feuilles de chêne ; sa femelle y pond quatre ou cinq œufs.

Quand on veut élever ces jeunes oiseaux pris dans le nid, il ne faut les en tirer que quand ils ont toutes leurs plumes ; et, quant à la nourriture qu'on leur donnera, ce sera la même que celle qu'on donne au rossignol, et on les traitera à peu près de même.

Pour les conserver en santé, on leur donnera quelquefois à manger des vermisseaux qui se trouvent sous le fumier, ou des vers de terre ; ou si c'est pendant l'été, des fleurs de genêt d'Espagne, ou des groseilles rouges, ou même quelques figues ; rien ne contribue tant à les rendre alertes. On peut aussi présenter à ces oiseaux, quand ils sont jeunes, pour nourriture des œufs de fourmis, dont ils sont fort friands ; et, à défaut de ces œufs on leur donnera du cœur de bœuf coupé bien menu, qu'on mêlera avec un peu de graine de pavot blanc ou avec des vers de farine, et souvent même avec un peu de fine farine de froment, humectée d'un peu de lait.

Le rouge-gorge mis en cage peut y vivre quatre ou cinq ans, et quelquefois même davantage, selon le soin qu'on en prend. Il est à observer que cet oiseau est également ennemi du chaud et du froid ; c'est pourquoi il se retire pendant l'été dans les broussailles ou sur les montagnes couvertes de verdures et fraîches; mais en hiver, il approche des endroits habités; on le voit pour lors dans les haies ou jardins, principalement dans les endroits où le soleil darde ses rayons. Il se tient même perché sur les arbres qui y sont le plus exposés.

Une autre observation à faire, c'est que le rouge-gorge, qui hait la plupart des oiseaux, est très-ami du merle, dans la compagnie duquel il se trouve le plus souvent.

On prétend que le rouge-gorge est sujet à l'épilepsie ou au vertige.

Il s'en trouve beaucoup en Lorraine et en Alsace, d'où on les apporte à Paris.

LA MÉSANGE CHARBONNIÈRE.

LA mésange est un oiseau presque égal au pinson; à peine pèse-t-elle une once. Son bec est droit, noir, long, d'un demi-pouce. Ses pieds sont plombés, ou bleus; ses doigts extérieurs sont joints jusqu'à un certain point à celui du milieu : la tête et le menton sont noirs ; au-dessous de yeux de chaque côté règne une raie large, ou tache blanche remarquable qui, allant des angles de la bouche en arrière, occupe les mâchoires, et est entourée de noir. Le col, les épaules, le milieu du dos sont verdâtres ; le croupion est bleuâtre ; la poitrine, le ventre et les cuisses sont jaunes, mais le bas-ventre est blanchâtre. Le milieu de la poitrine et du ventre est divisé par une ligne large et noire qui se continue depuis la gorge jusqu'à l'anus. Les grandes plumes des ailes sont brunes, à bords blancs, ou à bords en partie blancs et en partie bleus, quelquefois aussi sans aucune blancheur.

Je ne parlerai que de cette espèce, et c'est peut être encore trop, car ce petit animal est un être très-méchant ; et si quelqu'un est las de voir ses volières ornées de charmans musiciens, il en sera bientôt débarrassé, s'il y met aussi des mésanges, car elles les auront bientôt fait tous périr.

Les mésanges habitent presque tous les pays : on en voit en tous tems même dans les endroits habités, bien plus communément en été qu'en automne ; cependant elles se tiennent la plupart du tems sur les arbres ou dans les brousailles et sur les petites plantes, rarement à terre ; elles montent et descendent ces mêmes arbres à la façon du pic-vert. Quand elles voient quelques unes, même de leurs espèces et des plus petites qui sont faibles et malades, elles les poursuivent, et leur tirent le cerveau hors de la tête à coups de bec.

Ces oiseaux se nourrissent ordinairement d'insectes qu'ils trouvent aux arbres ; ils vivent aussi de chenevis et de noix qu'ils percent avec le bec. La plupart de ces oiseaux mangent encore de la viande, et c'est la raison pour laquelle ils volent souvent sur les cadavres ; on les nourrit dans nos maisons avec la plus grande partie de nos alimens : ils aiment surtout éperdûment les noisettes, il faut les leur casser. On leur donne aussi pour nourriture des limaçons, du fromage nouvellement caillé, et des œufs de fourmis. Ces oiseaux n'avalent leur manger qu'après l'avoir goûté auparavant avec leur langue.

La mésange charbonnière pond d'une seule couvée dix-huit œufs dans le creux des arbres; elle est la plus estimée des mésanges pour le chant; elle vit quatre ou cinq ans; son cri ennuie et fatigue assez souvent. C'est un oiseau courageux qui défend ses petits des autres oiseaux avec beaucoup de bravoure. Les mésanges volent par troupes de six ou sept, et quelquefois davantage. On apprivoise les mésanges, et on les nourrit en cage ou dans une étuve à cause de la douceur de leur chant, qu'elles continuent pendant toute l'année. Comme ces oiseaux aiment le suif, on s'en sert pour leur dresser des embûches, et on leur en donne pour qu'ils chantent plus agréablement.

LE COUCOU.

Le coucou est un oiseau qui tire son nom de son chant. Il a la tête, le dessus du cou, le dos, le croupion et le haut des ailes d'un cendré brillant; la gorge et le bas du cou sont d'un cendré plus clair.

Le coucou abandonne ses petits à des soins étrangers; il ne fait point de nid, mais il cherche le nid d'un petit oiseau, tel que celui de la fauvette, de la linote, de la mésange, du roitelet; s'il y aperçoit des œufs, il les casse, et il y substitue à leur place un des siens en l'abandonnant aux soins de la nourrice qu'il a choisie. Le coucou ne manque pas néanmoins de tendresse pour les petits qui doivent naître de lui, mais il a une conformation singulière dans ses viscères qui s'oppose à l'incubation.

Le coucou est carnassier et vorace; il se nourrit de chair de cadavres, de chenilles, de mouches, de fruits et

1. MARTIN-PÊCHEUR, 7 pouces. (Voyez page 202.)

2. MÉSANGE CHARBONNIÈRE, 6 pouces. (Voyez page 196.)

3. COUCOU, 12 à 13 pouces.

d'œufs d'oiseaux ; et, quand on en veut élever pour nourrir chez soi, on lui donne d'abord du cœur de mouton haché ; lorsqu'il est grand , on lui présente la même pâte qu'au rossignol.

Cet oiseau est un vrai oiseau de passage. Quand il ne trouve plus d'insectes dans ce pays , il en va chercher dans d'autres contrées ; la durée de sa vie est d'environ quatre ou cinq ans.

Le coucou n'a de l'oiseau de proie que la simple apparence ; il n'en a ni la force ni le courage. Il est faible et timide ; il s'enfuit à tire d'ailes devant le plus petit oiseau qui le poursuit vigoureusement : sa voix annonce le retour du printems ; son vol est court, interrompu et mal assuré. On a débité sur le coucou mille puérilités que nous nous garderons bien de rapporter ici. Nous observerons seulement que le plus souvent, lorsqu'il est jeune, il ôte la vie à celle qui l'a nourri.

La chair du coucou n'est pas d'un très-bon goût pour en manger ; il n'y a que les gens de la campagne qui s'en nourrissent quelquefois ; cependant, lorsqu'ils sont jeunes, et qu'ils sont pris dans le nid, et à l'instant qu'ils se trouvent assez forts pour s'envoler, leur chair est tendre et délicate à manger.

LE MARTIN-PÉCHEUR,

ou ALCYON.

LE martin-pêcheur est un oiseau un peu plus petit qu'un merle. Son bec est long de deux doigts, gros, fort, droit, pointu et noir. Cet oiseau a un très-beau plumage; le sommet de sa tête est bleu tiqueté; son dos est d'un bleu clair luisant. Sa poitrine, le bas de son ventre, ses côtés et les plumes de dessous ses ailes sont rouge-brun : sa queue est bleue. Ses jambes sont très-courtes; ses pieds sont d'une structure singulière; le doigt extérieur s'attache à celui du milieu par trois jointures, et l'intérieur par une seule. Le doigt intérieur est le plus petit et plus court

de moitié que celui du milieu ; l'extérieur est presque égal à celui du milieu,
et le postérieur un peu plus grand que
l'intérieur.

Le martin-pêcheur ne fait point de
nid ; il dépose seulement ses œufs dans
un trou profond d'une demi-aune, le
long du bord d'une rivière. Sa ponte
est de sept œufs ; il vit de petits poissons, de vers et d'autres petits animaux
qui habitent les eaux ; c'est pour cette
raison qu'il se repose le long des bords
des rivières et des fossés, sur quelque arbre ou rocher un peu élevé, pour
qu'en examinant de cet endroit sa
proie, il puisse plus facilement l'attraper en s'élançant à propos. On le rencontre pendant l'hiver le long des
fossés auprès des habitations, surtout
pendant le tems de la glace et du froid;
mais, pendant l'été, il habite les lieux
retirés et frais, principalement le long
des eaux.

Le martin-pêcheur vole hors de mesure en rasant l'eau; et, pendant son vol,
il crie d'une façon à se faire entendre de
fort loin : on attrape cet oiseau en ten-
dant, soit le matin, soit le soir, dans

l'endroit où on s'est aperçu qu'il y en avait, deux petits halliers de soie, pareils à ceux qu'on place aux buissons, pour attraper les becfigues ; on tend l'un dessus et l'autre dessous, et on a surtout l'attention que ces filets soient tendus tout près de l'eau.

La durée de la vie du martin-pêcheur est de quatre ou cinq ans ; plusieurs personnes en font dessécher et les attachent au plafond de leurs chambres pour la beauté de leurs plumages ; d'autres les placent ainsi desséchés dans leurs magasins d'étoffes ; ils prétendent garantir par là leurs marchandises de teignes ou de mittes. Il est rare en France, et n'a point de chant.

LES PERROQUETS.

Les perroquets habitent l'ancien et le nouveau continent ; mais ils se bornent dans un espace d'environ vingt-cinq degrés, et on ne les trouve que dans les contrées les plus chaudes.

Buffon pour traiter avec plus d'ordre qu'on ne l'avait fait avant lui des différentes espèces de perroquets, divise d'abord ces oiseaux en deux grandes sections : celle des perroquets de l'ancien, et celle des perroquets du nouveau continent. Comme il subdivise ensuite chacune des sections, et qu'il donne les caractères de chaque subdivision, on peut à la seule inspection, reconnaître à laquelle des deux premières sections le perroquet appartient.

La première classe ou division est partagée en cinq familles, qui sont les *kakatoës*, les *perroquets proprement dits*, les *perruches à longue queue* et les *perruches à courte queue*.

Les perroquets du nouveau continent sont divisés en six autres familles; savoir, les *aras*, les *amazones*, les *criks*, les *papegais*, les *perriches à queue longue* et les *perriches à queue courte*.

1. *Les perriches*, à parler strictement, et d'après les caractères génériques tirés de la forme du bec et des pieds, sont du même genre que les perroquets; mais elles diffèrent de ces oi-

seaux proprement dits en ce qu'elles sont plus petites.

Les perriches sont dans le nouveau continent, les représentans des *perruches* dans l'ancien. Ce mot *perriche* est plus communément usité dans les îles et les colonies de l'Amérique, que ne l'est le mot *perruche*.

Il n'est point d'oiseau qui devienne plus familier, qui ait l'apparence de contracter avec l'homme une association plus intime et plus sentie. Les perroquets semblent susceptibles d'attachement, et ils donnent des marques d'antipathie; c'est une remarque faite par bien des personnes, que les mâles ont plus de propension pour les femmes, s'attachant à elles plus aisément, tandis que, doux pour elles, ils sont méchans pour les hommes. On dit le contraire des femelles; mais cette observation est confirmée et contredite par tant de faits, qu'elle paraît fort incertaine. Le plus grand mérite des perroquets, aux yeux de la plupart de ceux qui en sont curieux, est d'avoir, au - dessus de tout autre oiseau, la faculté de mieux imiter la voix humaine, d'en rendre les inflexions, de retenir un plus grand nombre de mots, et de les accompagner même de gestes imitatifs qu'on leur a appris, et qui sont d'accord avec le sens des paroles. Ces oiseaux sont en général lourds et pesans ; ils se meuvent difficilement, et c'est, ce me semble en partie, à une vie forcément moins dissipée qu'ils doivent leurs facultés au-dessus de celles des autres oiseaux, comme ils les doivent peut-être aussi à des organes dont la conformation se rapproche davantage de celles des nôtres ; mais ce qui prouve que les perroquets doivent au moins en partie, les facultés qui les font rechercher, à leurs manière d'être posée et tranquille ; c'est que, pour amener les autres oiseaux à apprendre quelque chose, il faut les réduire à la vie inactive, en les privant de la lumière, et en leur parlant ou en les sifflant dans l'obscur té. Il faut de l'attention pour être frappé et retenir ; il n'y en a pas dans une vie active et dissipe e ; et le perroquet forcément inactif, est attentif par un effet de sa conformation. Mais tous ne possédent pas les mêmes facultés au même degré, soit que leurs organes s'y refusent, soit qu'ils aient les moyens d'être plus distraits. Parmi les perro-quets de l'ancien continent, le *jaco* ou le *perroquet gris*, est celui qui passe pour apprendre le mieux à parler : parmi les *papegais* ou perroquets du nouveau continent, le *tahua* s'est ac-quis la même réputation.

La nourriture la plus ordinaire et la plus saine pour les perroquets est le chenevis, le millet et quelques fruits ; mais quant à leur goût, il n'est guère de nos mêts dont il ne soient friands, ils le sont beaucoup de la viande ; elle est pour eux d'un très-mauvais usage ; elle leur cause des maladies de peau et des démangeaisons qui les excitent à s'arracher les plu-mes, à se gratter sans cesse, souvent jusqu'au sang ; et, lorsque la maladie est portée à un haut degré, les plu-mes ne repoussent plus qu'en très-petit nombre ; l'oiseau malade se les arrache à mesure qu'elles croissent, et il reste couvert d'un simple duvet , état dans lequel il est hideux. Cette maladie n'est pas toujours produite par l'usage de la viande, et elle attaque quelquefois des perroquets auxquels on n'en a jamais donné. On l'adoucit en les baignant, et on les empêche de s'arracher les plumes en les mouillant d'une onction d'absynthe ou de coloquinte, dont l'amertune dégoûte le perroquet de s'arracher les plumes; ce qu'il ne peut guère faire sans les toucher du bout de la langue.

Il arrive assez fréquemment, surtout parmi les kakatoës, que des femelles pondent sans avoir eu communication avec aucun mâle de leur espèce. On cite quelques exemples de perroquets qui se sont accouplés, et qui ont eu des petits en Europe, en les tenant dans une pièce où ils étaient seuls, où ils jouissaient d'une température convenable, et où les choses étaient disposées de façon à suppléer aux arbres sur lesquels ces oiseaux nichent en état de liberté. Mais, malgré ces exemples, qui d'ailleurs sont fort rares, je doute qu'on pût parvenir à engager les perroquets à produire dans l'état de domesticité.

Enfin les perroquets passent pour vivre très-long-temps, sans qu'on sache rien de précis sur la durée de leur vie.

Maladies des perroquets.

Ces oiseaux sont sujets à s'enrhumer, si on les change trop promptement du chaud au froid, ou du froid au chaud. Dans ce cas, il faut les tenir très-chaudement, leur faire boire du vin avec du sucre, et leur déboucher les narines avec la tête d'une épingle. Lorsqu'ils ont souffert le froid à un certain point, et qu'ils sont attaqués de la goutte et de l'asthme, il faut de même les tenir chaudement, leur bassiner les pattes avec du vin chaud, et leur en faire boire après y avoir infusé un peu de cannelle, ne leur donner que des fruits à manger, et leur faire boire du sirop de grenade de tems en tems.

On doit avoir attention que les bâtons qu'on met aux perroquets pour percher ou se coucher, soient assez

gros pour qu'ils les empoignent facilement, parce qu'il y a moins d'inconvénient qu'ils soient trop gros que trop
petits : car sur ce dernier ils se fati-
guent et sont sujets à tomber, à se blesser le bréchet de l'estomac ou la tête,
et l'on est surpris que l'oiseau fait mau-
vaise figure, s'ébouriffe et meurt,
quels que soins qu'on lui donne. Ces
oiseaux sont sujets à de fortes indi-
gestions, parce qu'ils sont très-gour-
mands, surtout de graines, et particulièrement du chenevis. Lorsqu'on les
voit ouvrir le bec, et donner des signes
d'envie de vomir, il est nécessaire de
les exciter à boire, en sucrant leur
eau.

LE CYGNE.

Les cygnes sont des êtres privilégiés.
Ils jouissent d'une longue vie, dont la
durée est de plus de cent ans. On ne
les voit craindre aucune embûche, au-

cun ennemi ; par leur force prodigieuse, leur coup d'aile est capable de casser la jambe d'un homme.

L'instinct sociable de ces oiseaux fait qu'ils se recherchent. Dans l'état de liberté, ils volent en troupe; en domesticité, ils nagent et marchent ensemble dès l'aurore pour varier leurs plaisirs. Ils entrent en amour au mois de février.

Ils cherchent, sur le bord des eaux, le lieu le plus solitaire et le plus abrité, pour y déposer le gage de leur constant amour. Ils font leur nid, à peu de frais, sur l'herbe sèche, quelquefois sur l'eau des roseaux abattus ; mais, dans nos parcs, nous leur construisons des cabanes commodes au milieu des bassins ou des canaux.

La ponte a lieu de deux jours l'un, elle est de six ou sept œufs blancs, et l'incubation dure six semaines, au bout duquel tems les œufs éclosent ; c'est alors que les tendres soins se prodiguent à l'envi, que le père et la mère veillent d'un commun accord à leurs besoins, et que la femelle les accueille

nuit et jour sous ses ailes pour les réchauffer.

Si le cygne est plein de grâce en
nageant, s'il est le plus beau modèle
qu'on ait à suivre dans l'art de la navi-
gation, il perd ces avantages hors de
l'eau, parce qu'il marche fort mal, et
vole médiocrement; cependant, à une
certaine hauteur, il en impose par
l'envergure de ses ailes, qui sont très-
étendues. Le vol de ces oiseaux est très-
élevé, et alors fort rapide.

Les jeunes cygnes sont couverts d'un
duvet gris ou gris jaunâtre, qui ne se
remplace, que quatre ou cinq semaines
après, par des plumes de même couleur. Ils ne quittent ce vilain plumage
qu'au mois de septembre, pour en
prendre un chamarré de blond et de
blanc, et ce n'est que vers la deuxième
année qu'ils se revêtissent d'une belle
robe blanche.

Les père et mère chassent leurs petits lorsqu'ils sont forts : ces jeunes oiseaux se voyant exilés de leur famille,
se rassemblent par la nécessité de leur
commune destinée, et ne se quittent
plus que lorsque l'amour leur prescrit

sa loi générale de former de nouvelles familles.

La chair du jeune cygne, quoique noire, est assez bonne ; mais celle du vieux est si dure, qu'elle ne peut être servie que pour parade, comme on faisait chez les Romains.

Le grain est la principale nourriture des cygnes ; ils pâturent aussi, et ils prennent du poisson.

LE PAON.

LE paon ressemble au coq ordinaire en ce qu'il vit de même, et qu'il est plein d'ardeur pour les femelles. Il lui faut quatre ou cinq poules ; car, s'il n'en a qu'une ou deux, ils les fatigue au point de les rendre stériles, en troublant l'ouvrage de la génération à force d'en répéter les actes. Dans ce cas, les œufs sortent avant qu'ils aient acquis leur maturité. Les paonnes sont aussi très-portées à l'amour ; elles font, dans notre climat, une ponte, chaque année, de sept à huit œufs blancs, tachetés de même que ceux des dindons, et à peu près de leur grosseur ; quand leur ponte est faite, elles se mettent à couver. Si elles sont libres elles les déposent dans un lieu secret, comme font toutes les femelles qui n'ont point de secours de leurs mâles, qu'elles fuient soigneusement, parce qu'ils casseraient les œufs ; car le paon, plus occupé de son plaisir particulier que de la multiplication de son espèce, est infidèle au vœu de la nature.

La paonne couve vingt-huit ou trente jours ; et, pendant ce tems, il faut mettre à sa portée de quoi la nourrir abondamment, afin qu'elle ne soit pas obligée d'aller trop loin et de laisser refroidir ses œufs. Il faut aussi prendre garde de lui donner de l'inquiétude dans cette fonction intéressante, car son naturel inquiet et défiant, la porterait à abandonner ses œufs. Comme il arrive souvent que les petits paons n'éclosent pas le même jour, et qu'il y a des poules qui abandonnent leurs œufs, il faut, dans ce

eas, prendre ceux qui doivent incessamment éclore, et les mettre sous
une autre couveuse, à une chaleur
douce.

La première nourriture des paonneaux est simplement des jaunes d'œufs
durs, pétris avec de la mie de pain,
et ensuite émiétés et semés dans l'herbe
où la couveuse promène ses petits. On
peut donner quinze petits à une femelle, si on veut faire faire une seconde ponte à deux autres poules
qu'on priverait de leurs paonneaux.

On a observé que, si l'endroit où est
la couvée n'est pas enclos, on est dans
le cas de la perdre, parce que l'instinct
méfiant de la mère ne lui permet pas
de coucher deux fois dans le même
nid. Les paonneaux, au bout de six semaines commencent à avoir leur ai-
grette, mais ils sont malades dans ce
tems, et ce n'est qu'à ce caractère que
les mâles reconnaissent leurs enfans :
car auparavant ils les poursuivraient
comme des étrangers; il est même très-
sage de ne les mettre avec les grands,
que lorsqu'ils ont l'âge de six à sept
mois,

mois, et de leur établir des huchoirs à leur portée.

Ces oiseaux se rendent maîtres dans leur basse-cour; ils se font respecter des poules et des canards, qui n'osent prendre leur nourriture que lorsque les paons ont pris leur repas: ils vivent de grains, de vers, etc., de même que tous les gallinacés; et leurs alimens passent dans l'œsophage, où ils reçoivent d'une espèce de glande, par de petits tuyaux dont elle est remplie, une liqueur limpide et abondante; d'ailleurs, ces oiseaux sont à peu près conformés comme les gallinacés. Les paons ne volent guère mieux que les poules; cependant ils passent ordinairement la nuit sur le sommet des maisons qu'ils dégradent, et sur les arbres les plus élevés, d'où ils font entendre leur voix désagréable qui frappe nos oreilles par des tons plaintifs, deux tons aigus qui semblent exprimer ces mots, *hau-un, hau-un,* qui ne paraissent avoir aucune analogie, et d'après lesquels assure-t-on, forme leur nom, dans presque toutes les langues. Les mâles et les femelles forment encore un certain bruit sourd, une voix intérieure qu'ils répètent souvent quand ils sont inquiets, ou quand ils paraissent tranquilles et contens.

Précautions à prendre dans le tems où les oiseaux perdent leurs plumes, et comment on peut les rappeler au chant.

Les oiseaux changent ordinairement de plumes depuis la mi-juillet jusqu'à la fin de septembre et même la mi-octobre; mais ce changement ne se fait pas chez eux sans altération de leur santé, sans beaucoup de douleurs, et sans une espèce de langueur; ils perdent même pendant ce tems leur vivacité ordinaire : il faut donc alors leur apporter du secours; c'est à quoi on parviendra en leur soufflant d'un vin qui ne soit pas trop fumeux, en les mettant ensuite au soleil pour se sécher, et les y tenant jusqu'à ce qu'ils soient parfaitement secs; après quoi on les en ôte, et on entoure leur cage de verdure pour les récréer.

Quand ce sont des rossignols, des becfigues, des fauvettes et d'autres oiseaux semblables qui sont dans la mue on met au dedans de leur cage un vaisseau de faïence plein d'eau pour qu'ils puissent se baigner à leur gré. Les oiseaux pris dans le nid changent de plumes un mois ou deux après être nés, ou un peu plus tard.

Quant à leur chant, pour les y rappeler, il faut avoir attention de leur donner à manger ce qu'ils aiment le plus, ou ce qui est le plus propre à les réchauffer ; si ce sont des rossignols, nous avons indiqué la façon dont il faut s'y prendre au chapitre qui en traite, première partie ; mais, pour ce qui est des autres, on leur donne communément de la graine de lin qu'on mêle avec des pignons pilés, et on met dans leur abreuvoir deux ou trois filets de safran, on entoure en même tems la cage de verdure, soit de morgeline, soit de seneçon ; c'est ainsi qu'on dispose les oiseaux à chanter plus tôt qu'ils n'auraient fait. On sera aussi très-

attentif à la propreté; on tiendra par
conséquent les cages bien nettes;
on raclera les bâtons sur lesquels les
oiseaux se perchent, et on changera
tous les matins, et même deux fois le
jour, l'eau de l'abreuvoir.

Quant aux oiseaux nourris à la pâte,
on tient pour l'ordinaire l'abreuvoir
hors de leur cage, tandis que, pour
ceux qui vivent de graines, on le tient
en dedans. On nettoie aussi avec soin
le plancher de la cage, et on mettra
dessus pendant l'hiver du foin ou de la
paille brisée, et en été du sable.

De la cure des maladies des oiseaux.

Les oiseaux sont sujets, de même
que les animaux domestiques, à plusieurs maladies; ils sont, 1.º sujets à
des *abcès sur la tête*; on prend alors
un fer de la grosseur de l'œil de l'oiseau ou un peu moins; on le fait rou-
gir au feu pour en toucher l'endroit
affecté; l'abcès se dessèche par ce
moyen bien vîte, s'il est aqueux, et

ne se consume pas moins, s'il est plâtreux. Lorsque la cautérisation est faite, on l'oint avec du savon noir fondu ou avec de l'huile mêlée dans de la cendre chaude ; ces abcès ou furoncles viennent ordinairement aux petits oiseaux qui ont une complexion chaude. Quand un abcès paraît, il n'est pas plus gros qu'un grain de chenevis, mais quelquefois il devient dans la suite aussi gros qu'un pois ; c'est la raison pour laquelle bien des gens le regardent comme un mal de grande conséquence ; aussi sont-ils dans l'usage de purger les oiseaux avant que d'y mettre le feu, avec le suc de bette mis dans leur abreuvoir au lieu d'eau.

Les oiseaux sont en outre sujets à avoir *mal aux yeux* ; il leur survient dans cette partie de petits boutons qui commencent pour l'ordinaire leur cavité ; dans ce cas on leur donne, de même que dans le cas précédent, le suc de bette pendant quatre jours mêlé avec un peu de sucre ; on touche leurs yeux avec le lait de figuier, ou avec de l'écorce d'orange ou du verjus, ou bien on les lave avec de l'eau dans laquelle on a fait bouillir de l'ellébore blanc, ou simplement avec de l'eau de vigne; quelques-uns se contentent de mettre dans la cage de petites branches de figuier coupées, pour que les oiseaux s'y frottent d'eux-mêmes l'œil par un instinct naturel et se guérissent; d'autres vantent beaucoup dans le même cas le bouton de feu dont nous avons déjà parlé, comme un remède plus expéditif.

Il vient quelquefois au palais des oiseaux de petits ulcères qu'on nomme *aphthes* ou *chancres*. Pour y remédier, on met dans l'abreuvoir de la semence de melon mondée, et dissoute dans l'eau pendant trois ou quatre jours; on leur touche en même tems, mais légèrement, le palais avec une plume trempée dans du miel rosat, animée avec un peu d'huile de soufre; ce qui éteint la malignité de l'ulcère, tandis que le miel corrige la chaleur excessive qui est la cause du mal.

Plusieurs oiseaux se ressentent du *mal caduc*; il en périt même beaucoup du premier accès; cependant, quand ils peuvent en réchapper, il faut leur couper sur-le-champ le bout des ongles, leur souffler dessus plusieurs fois du bon vin, et ne pas trop les exposer au soleil.

Quelquefois ils *s'enrhument* et perdent leur chant : on y remédie en leur faisant une décoction avec des jujubes, des figues sèches, de la réglisse concassée et de l'eau commune ; on leur donne de cette décoction avec un peu de sucre pendant deux jours ; et pendant deux ou trois autres jours on continue de leur en donner avec le suc de bette : on les tiendra la nuit au serein, si c'est en été ; on aura soin cependant de les garantir de la rosée ; mais dans toute autre saison on s'en gardera bien.

Les oiseaux sont encore sujets à *l'asthme* et au resserrement de poitrine, ce dont on s'aperçoit quand ils ouvrent souvent le bec, qu'ils deviennent enroués, ou lorsqu'en touchant leur poitrine, on y sent une palpitation extraordinaire ; on regardera alors autour de la langue, si par hasard la cause du mal ne serait pas le croisement de quelques petits nerfs,

ou quelque autre empêchement prove-
nant de gourmandise ou de la grosseur
du morceau qu'ils auraient pu avaler,
comme il arrive quelquefois aux oiseaux qui mangent du cœur, des vers,
tels que les rossignols, les becfigues et
autres de pareille nature : on le leur
ôtera alors; et, si on est assuré que le
mal ne provient pas de là, on prendra un peu d'oxymel (de l'eau miellée),
et avec une plume on leur en fera
tomber dans le bec deux ou trois
gouttes, et on mêlera en même tems
de cet oxymel dans l'eau de leur
abreuvoir pendant deux ou trois jours,
ou bien on y fera fondre du sucre
candi.

Il arrive quelquefois que l'asthme et
la gêne de la poitrine sont occasionés
chez les oiseaux pour avoir mangé de
la graine trop récente ou des choses
trop rances; le sucre d'orge trempé
dans l'eau de l'abreuvoir, qu'on renouvellera souvent, est un excellent
remède.

Les oiseaux tombent de même que
l'homme en *phthisie*, qu'on nomme
improprement *mal subtil*; on recon-

naît cette maladie aux symptômes suivans ; l'oiseau a le ventre tendu comme s'il avait une hydropisie , ses veines sont gonflées et apparentes, la poitrine est maigre et peu charnue ; il mange peu, quoiqu'il soit presque continuellement à la mangeoire , et il jette beaucoup plus de nourriture par terre qu'il n'en prend : on lui donnera alors pendant deux jours le suc de bette , après quoi on lui présentera de la graine de melon pilée avec un peu de sucre dans de l'eau commune.

Les oiseaux sont encore souvent *constipés ;* on y apportera remède en leur mettant une plume frottée d'huile commune dans le fondement deux fois le jour pendant deux jours, et on leur donnera en même tems pendant ces deux jours le suc de bette.

Quand ils sont incommodés du *flux*, ce qui les maigrit extrêmement, on met dans leur abreuvoir de l'eau ferrée , ou une décoction légère de cornouiller.

Il vient encore souvent du mal au croupion des oiseaux ; il se gonfle à la pointe, il est un peu enflé et ressemble à un *bouton* d'un blanc jaunâtre. Quand un oiseau en est affecté, il est moins gai qu'à l'ordinaire, et le plus souvent hérissé : on guérira ce gonflement en le comprimant, et non pas en le coupant.

Les oiseaux se *rompent* quelquefois *une jambe ;* quand cela arrive, on leur ôte tous les bâtons qui se trouvent dans la cage : on leur donne à manger dans le fond de cette même cage, et on les tient dans un endroit où ils ne soient pas exposés à voltiger; après quoi on abandonne la cure à la nature, ou tout au plus on bande doucement la jambe avec un peu d'étoupe trempée dans l'huile de pétrole. Il arrive néanmoins souvent que la jambe en devient sèche, il faut en ce cas la couper avant que le mal gagne plus avant, après quoi toucher la coupure avec un fer chaud, et la frotter d'huile et de cendre ou du savon noir fondu, qui adoucira la douleur de la brûlure.

Une dernière maladie qui est commune aux oiseaux, est la *goutte ;* on la reconnaît au pied gonflé de l'animal, raboteux et de couleur de plâtre; il a alors bien de la peine à se soutenir sur ses pattes, et ses plumes sont toutes hérissées à cause de la grande douleur qu'il ressent. On y remédie, par le moyen d'une décoction de racine d'ellébore blanc dans de l'eau commune, et on lave leurs pieds avec cette décoction chaude deux fois par jour pendant quatre ou cinq jours ; si on ne veut pas prendre l'oiseau avec ses mains, on lui frottera simplement les pieds avec un pinceau ; à défaut de la racine d'ellébore, on se servira d'eau de vigne pour laver les pieds de l'oiseau malade ; d'autres veulent qu'on leur frotte souvent les jambes de beurre ou de graisse de poule ; mais nous n'approuvons pas de pareils remèdes.

Les oiseaux se trouvent encore souvent incommodés par de petits *poux* : on nettoiera souvent, pour les en garantir, les bâtons qui leur servent à se percher, et on arrosera ces animaux de vin.

Il y a encore des observations à faire qui ne sont propres qu'à certains oiseaux ; par exemple, on ne doit jamais laisser sans plâtre la linote, le chardonneret et l'alouette ; et , comme la linote est très-sujette à être constipée, ce qu'on reconnaît par les efforts qu'elle fait, on lui donnera un peu de sucre avec un filet, de safran dans son abreuvoir, et pour verdure la mercuriale, de même qu'à tous les petits oiseaux qui vivent de graine , afin qu'ils se maintiennent plus facilement libres du ventre ; leur nourriture étant de mauvais sucs, on leur donnera tous les mois une fois une émulsion de semence de melon mêlée avec de l'eau, et pour verdure, de tems en tems de la laitue, ou de la chicorée sauvage , ou de la bette ou poirée, ou du mouron.

FIN.

a

DE L'IMPRIMERIE DE GILLÉ.

OUVRAGES NOUVEAUX

Qui paraissent ou vont paraître chez AUDOT, *Libraire, rue des Mathurins St.-Jacques, n° 18,* A PARIS.

Les prix des articles sont marqués brochés, à l'exception de ceux indiqués autrement.

LE JARDIN FRUITIER, contenant l'histoire, la description et la culture des arbres fruitiers, des fraisiers et des meilleures espèces de vignes qui se trouvent en Europe ; des principes élémentaires sur la manière d'élever les arbres, sur la greffe, la plantation, la taille, et tout ce qui a rapport à la conduite d'un jardin fruitier ; rédigé sur les notes de M. Noisette, cultivateur, botaniste et pépiniériste, par M. L. A. Gautier, docteur en médecine : ouvrage orné de plus de 200 fig. coloriées d'après nature.

Annoncer un ouvrage sur les arbres fruitiers, c'est rappeler la plus belle conquête de l'industrie humaine sur la nature sauvage, c'est rappeler qu'un travail opiniâtre et constant a pu seul nous conserver tous ces fruits merveilleux qui nous charment par leur forme, leurs couleurs et leur saveur. En effet, la nature abandonnée à elle-même, ne nous offre que des arbres épineux, des fruits durs et acerbes ; il faut la tourmenter long-temps avant d'en obtenir un nouveau germe ; et quand le fruit qui lui succède a satisfait les vœux du cultivateur, il n'en reste paisible possesseur qu'autant qu'il s'en rend digne par une culture assidue.

Il suit de là qu'il a fallu bien des siècles et une immense succession d'expériences pour acquérir les richesses que nous possédons en fruits de toutes les espèces.

Le temps et la culture ont tellement changé l'aspect des choses, que, malgré les efforts de quelques savans, il est très-difficile de reconnaître dans nos collections les fruits décrits par Théophraste et par Pline; aussi, après la renaissance des lettres en Europe, les connaissances relatives aux arbres fruitiers ont-elles formé une science toute nouvelle, dont plusieurs auteurs se sont occupés, et dans les ouvrages desquels on peut suivre les progrès plus ou moins rapides, et en même temps les succès de la culture.

Olivier de Serres, qui écrivait dans le seizième siècle, est le premier auteur, en France, dont l'ouvrage soit digne d'être remarqué. Vint ensuite La Quintinye, intendant des jardins de Louis XIV; mais il était réservé au célèbre Duhamel de faire le premier ouvrage complet et méthodique sur les arbres fruitiers. Ce traité a servi de base à tout ce qu'on a écrit depuis sur les fruits, et ne laisserait que peu de chose à désirer, si les figures en eussent été coloriées : tandis qu'au contraire ces figures en noir, quoique parfaitement dessinées, sont souvent insuffisantes pour faire reconnaître les fruits, dont les riches couleurs, nuancées et mélangées d'une manière infiniment variée, offrent les caractères les plus saillans et les plus faciles à saisir pour la distinction des espèces.

Dans ces derniers temps, on s'est occupé de reproduire l'ouvrage de Duhamel, avec des figures coloriées; mais les amateurs auraient voulu qu'elles fussent réunies dans un ouvrage peu volumineux, et d'un prix modéré; ainsi leur désir n'a pas encore été satisfait. C'est donc pour remplir le vœu du public à cet égard que l'on a entrepris l'ouvrage annoncé ici.

Il fallait, pour exécuter une semblable entreprise,

un homme qui réunît une saine théorie à une longue pratique, et personne n'était plus capable que M. Noisette d'y donner toute la perfection désirable ; ayant d'ailleurs rassemblé depuis long-temps une infinité d'observations neuves et utiles, une foule de matériaux précieux, il attendait toujours que son temps lui permît de les réu..ir ; mais ses nombreuses occupations ne lui en laissant pas le loisir, on en a confié la rédaction à M. Gautier, docteur en médecine, qui, indépendamment de la rédaction des notes de M. Noisette, dont l'objet est la description des genres et des espèces, et leur culture, aura soin de faire précéder chaque genre d'une histoire succincte du fruit, depuis le temps de sa découverte jusqu'à nos jours, et d'un article sur les usages non-seulement des fruits et de leurs parties, mais encore des différentes parties de l'arbre, tant sous le rapport des arts que de l'économie domestique et de la médecine.

Avec ces secours, il nous semble que nous pouvons promettre des principes certains et une grande clarté, beaucoup de promptitude et de régularité dans l'exécution ; toutes choses qu'on cherche souvent en vain dans de pareils ouvrages.

Le *Jardin fruitier* paraîtra sous le format grand in-4. Il formera 14 livraisons composées chacune de 6 planches et d'une feuille de texte. Chaque planche contiendra le plus souvent 4 figures de fruits, au lieu d'une seule que donnent certains ouvrages de luxe imprimés sur in-folio. Ces moyens d'économie, qui mettront l'ouvrage à un prix auquel il sera facile d'atteindre, ne seront pas obtenus aux dépens de l'exactitude. Les portraits seront rendus avec la plus grande fidélité ; tous les fruits *sont coloriés d'après nature* par des artistes habiles, et l'exécution des épreuves sera surveillée avec le plus grand soin.

Cet ouvrage fut annoncé en 1813, et déjà les **deux** premières livraisons étaient en vente, lorsque les événemens politiques vinrent suspendre la publication des suivantes. Ce temps n'a pas été perdu pour l'entreprise : il a été employé à achever la confection des

(4)

dessins et des planches gravées, dont une partie sont
même, en ce moment, imprimées et coloriées.

La première livraison, quoique déjà publiée, ainsi
que la seconde, sera remise en vente pour les nouveaux souscripteurs, au 1er juillet prochain (1818);
les autres livraisons paraîtront régulièrement de mois
en mois.

Prix de la livraison, in-4, sur papier *grand-raisin*:
Figures coloriées, 15 f.
Figures noires, 2 f. 50 c.
Le port, par la poste, est de 25 cent. On est prié
d'affranchir les lettres.

EN SE FAISANT INSCRIRE AVANT LE 1er
SEPTEMBRE PROCHAIN (1818), ON RECEVRA
GRATIS LA DERNIERE LIVRAISON, et cette condition sera mentionnée sur la quittance de la première
livraison.

Les souscripteurs ne seront tenus à d'autres conditions que de payer les livraisons en les faisant retirer,
ou en les recevant, s'ils ont leur domicile à Paris. Les
souscripteurs des départemens, à qui elles seront envoyées par la poste, sont priés de les faire payer d'a-
vance, ainsi que cela se pratique pour les ouvrages
périodiques.

HERBIER GÉNÉRAL DE L'AMATEUR, contenant la
description, l'histoire, les propriétés et la culture des
végétaux utiles et agréables; dédié au Roi, par feu
Mordant de Launay; continué par M. Loiseleur-Deslongchamps, docteur en médecine, et membre de plusieurs sociétés savantes nationales et étrangères : avec
figures peintes d'après nature par M. P. Bessa, peintre
d'histoire naturelle, et peintre de fleurs de son altesse
royale madame la duchesse de Berri.

Il en paraît chaque mois une livraison de six planches, accompagnées de leur texte en regard, et supérieurement coloriées au pinceau par des artistes habiles. L'ouvrage aura 8 volumes, dont chacun se compose de 12 livraisons. La 27e a paru en avril 1818.

On est libre de retirer à la fois toutes les livraisons

qui ont paru, ou seulement une ou deux par mois : ce qui offre la facilité de se procurer cet ouvrage, en ne dépensant chaque mois qu'une légère somme.

Prix de la livraison :

Format in-8, sur nom-de-Jésus, pap. fin,   9 f.

  Idem,   *Idem,*   pap. vélin sat. 12

Format in-4, sur grand-raisin vélin satiné.   21

Le port, par la poste, est de 25 cent. On est prié d'affranchir les lettres. — On souscrit à Paris, chez Audot, libraire.

On a déjà publié en France plusieurs ouvrages de botanique avec des figures en couleur fort bien faites ; mais chacun de ces ouvrages ne traite qu'une partie de la science, et nous n'en avons pas qui l'embrassent dans toute son étendue. On n'a donné que des monographies, ou des choix très-peu nombreux de belles plantes, et ces ouvrages eux-mêmes sont en petit nombre. On ne peut citer, sous le rapport de la beauté des figures, que ceux de Ventenat (Plantes de la Malmaison et Jardin de Cels), de M. Redouté (Plantes grasses et liliacées), et le Nouveau Duhamel (Traité des Arbres et Arbustes qui se cultivent en France, en pleine terre).

Il nous manquait donc un ouvrage qui fût le dépôt de ce que nous possédons en ce genre ; non pas un livre qui présentât les dessins de toutes les plantes contenues dans les herbiers de nos savans botanistes, un tel ouvrage, par son immense étendue, ne serait point achevé en un siècle, et ne serait, pour ainsi dire, qu'une richesse stérile, puisqu'il contiendrait une quantité innombrable de végétaux sans utilité ou sans agrément, et qui ne sont rassemblés dans les herbiers que pour compléter des collections. L'ouvrage qui manquait à la France devait contenir seulement les plantes, les arbres et arbrisseaux d'une utilité réelle (1),

---

(1) Comme le cotonnier, le caféier, l'indigotier, et autres plantes aussi intéressantes et aussi peu répandues en France. Quant aux plantes médicinales, alimentaires, et à celles employées dans les arts, elles ne devaient pas faire partie de l'*Herbier général de l'Amateur.* Cet ouvrage aura particulièrement le mérite d'offrir les plantes rares et brillantes qui viennent annuellement enrichir nos collections.

ou qui, par la beauté de leur port, par leurs couleurs ou leur odeur, embellissent nos jardins, décorent nos demeures, et ajoutent à nos plaisirs.

Il est vrai que le nombre de ces plantes est encore trop considérable pour qu'il soit possible de les peindre toutes; mais il nous semble que le but de l'ouvrage sera rempli, et que son utilité sera incontestable, si, pour le composer, on fait un bon choix des végétaux les plus intéressans, et si on n'y admet de chaque genre que les espèces qui présentent des différences remarquables: or, tel a été jusqu'ici, et tel sera, avec plus de soin encore, s'il est possible, l'*Herbier de l'Amateur*. Nous ne prétendons pas faire de cet ouvrage, vraiment national, un recueil remarquable par le nombre infini des figures, mais nous osons répondre d'en faire la plus riche collection possible; et cette richesse sera réelle, car ce sera la ressource du peintre, du dessinateur, du manufacturier, du brodeur, etc., lorsqu'ils voudront représenter des plantes d'ornement dans toute la pureté de leurs formes, et parées de leurs couleurs naturelles.

Ce sera la ressource du botaniste, puisque si, au milieu des frimas de l'hiver, il a oublié quelques-uns des caractères d'une plante qui ne vit que dans les beaux jours et loin du climat qu'il habite, avec nos figures il n'y aura plus pour lui ni saisons ni distance.

Elle ne sera pas moins précieuse pour l'amateur qui, souvent trompé en achetant une plante sur l'idée qu'il s'en est faite d'après une simple description, trouvera dans notre *Herbier* un parterre au milieu duquel il ne pourra plus s'égarer, puisqu'il aura sous les yeux les objets mêmes qu'il voudra choisir.

Le marchand, en annonçant ses graines ou ses ognons, y trouvera encore le seul moyen de montrer, avec toutes leurs grâces naturelles, les plantes qui doivent en naître.

Enfin le jardinier et le cultivateur pourront s'en servir utilement pour enrichir leurs serres, ou pour reconnaître quelques espèces dont les noms leur seraient échappés.

Mais que l'on ne croie pas que tous ces avantages

ne sont que des probabilités; nous en offrons pour garantie une expérience assez longue, puisque déjà nous avons publié plus de 160 figures de l'*Herbier de l'Amateur*, et que chaque mois en voit paraître une livraison qui en contient six.

Ces figures sont faites avec une élégance, et surtout avec une exactitude qui dispute de vérité et souvent surpasse celle des grands ouvrages de luxe qui ont été faits sur la même matière. Une telle vérité d'imitation est due à la manière particulière que l'on emploie, laquelle, si elle ne donne pas pour le fini un résultat aussi flatteur au premier abord, a sur les ouvrages en question l'avantage inappréciable d'imiter les couleurs avec beaucoup plus de fidélité, et de les conserver sans la moindre variation. Les dessins sont tous peints par M. Bessa, d'après nature, et sur des individus vivans.

M. Loiseleur-Deslongchamps, auteur de la *Flora Gallica*, et de plusieurs autres ouvrages de botanique estimés, a bien voulu se charger de continuer le travail interrompu par la mort de M. Delaunay. Le grand nombre de beaux articles qu'il a faits pour le Nouveau Duhamel, dont il a rédigé plus de la moitié, ceux dont il enrichit maintenant le Dictionnaire des Sciences naturelles, ne peuvent laisser aucun doute sur l'intérêt que présenteront ceux de l'*Herbier de l'Amateur*.

Le texte, dont l'impression est très-soignée, sort des presses de M. Didot jeune.

Le format est, pour l'usage, d'une grandeur commode : on a évité un luxe qui, par la cherté qu'il aurait donnée à l'ouvrage, aurait pu en empêcher le succès. La modicité de son prix le met, au contraire, à la portée de toutes les personnes qui jouissent de la moindre aisance.

Le succès qu'a obtenu jusqu'à présent l'*Herbier général de l'Amateur* nous est un sûr garant que l'auteur et l'éditeur continueront à trouver dans la faveur du public, l'un la récompense de ses travaux, et l'autre le fruit de ses avances et de ses soins.

Cet ouvrage a d'abord été exécuté aux frais de

M. Delaunay : il a été ensuite acquis, après sa mort, par le libraire-éditeur, qui n'a rien négligé de ce qui pouvait satisfaire les souscripteurs. Depuis le mois de décembre 1816, jusqu'à ce moment (avril 1818), les 12ᵉ à 27ᵉ livraisons ont été données successivement, et les autres se suivront régulièrement de mois en mois.

LE BON JARDINIER, almanach, par Mordant de Launay, continué, pour l'année 1818, par MM. Féburier, Vilmorin et Noisette, nouvelle édition, contenant beaucoup de changemens et d'augmentations, 1 très-gros vol. in-12, avec 4 fig. Prix : 7 f., et 9 f. 25 c. franc de port.

FIGURES POUR L'ALMANACH DU BON JARDINIER, représentant les ustensiles le plus généralement employés dans la culture des jardins, différentes manières de marcotter et de greffer, de disposer et de former les arbres fruitiers ; enfin tout ce qui est nécessaire pour la parfaite intelligence des termes de botanique ou de jardinage employés dans cet ouvrage. 1 petit volume du même format que le Bon Jardinier. Prix, fig. noires, cartonné, 3 f., et avec les figures très-joliment coloriées, cartonné par Bradel, 7 f. 50 c.

ESSAI SUR LA DISTRIBUTION ET L'ORNEMENT DES JARDINS, avec cette épigraphe :

> Je dirai comment l'art, dans de frais paysages,
> Dirige l'eau, les fleurs, les gazons, les ombrages.
>
> (DELILLE.)

Cet ouvrage formera 1 vol. in-12, avec un grand nombre de planches, représentant des plans de jardins, des machines hydrauliques utiles dans les jardins, des ponts, pavillons, temples, obélisques, chaumières, et autres fabriques propres à orner les jardins. (*Sous presse pour paraître au 1ᵉʳ juin 1818.*)

HISTOIRE NATURELLE DES ORANGERS, par A. Risso, ancien professeur des sciences physiques et naturelles, au lycée de Nice, membre-associé des académies d'Italie, de Genève, de Marseille, de Turin, de

la société philomatique de Paris, etc , etc., et A. Poiteau, botaniste, peintre d'histoire naturelle, jardinier
en chef des pépinières royales de Versailles, membre
de la Société d'Agriculture et des Arts de Seine-et-Oise;
ouvrage orné de figures dessinées et coloriées d'après
nature.

Prospectus.

Il est démontré, par l'expérience de trente siècles ,
que les ouvrages de l'esprit et de l'imagination ne peuvent guère être portés à un plus haut degré de perfection, que celui auquel les anciens étaient parvenus. En
effet, si quelques auteurs modernes de ces sortes d'ouvrages parviennent à obtenir le suffrage de leurs con-
temporains, ce n'est qu'autant qu'ils se rapprochent
de ce que nous admirons, dans le même genre chez
les anciens.

Mais il n'en est pas de même des ouvrages scientifi-
ques ou d'observations physiques: l'Histoire naturelle,
surtout, est une science toute nouvelle, tant ses bases
sont aujourd'hui différentes de ce qu'elles étaient dans
l'antiquité. Ce n'est que depuis environ deux siècles
seulement, que cette science a commencé à être cul-
tivée avec une méthode uniforme et constante, basée
sur des faits et des observations aussi exacts que possible. La masse de ces faits et de ces observations constitue l'édifice de la science , et comme leur nombre
augmente, ou du moins change selon le cours naturel
des choses, il est de la nature de l'esprit humain que
les hommes fassent, de temps en temps, l'inventaire
ou le tableau général de leurs connaissances, tant pour
savoir où ils en sont et jouir de leurs succès, s'ils en
ont obtenus, que pour avoir un point de départ d'où
ils puissent s'élancer dans le pays des nouvelles décou-
vertes, sans s'exposer à rapporter, comme nouveau,
ce qui serait déjà bien connu.

C'est d'après cette marche naturelle à l'esprit humain, que nous voyons de temps en temps paraître
des ouvrages généraux sur chaque partie de nos connaissances, et qui sont ou devraient être le résumé

exact de toutes les connaissances partielles, acquises jusqu'alors sur chacune de ces parties. C'est aussi, d'après cette marche, que nous offrons au public un ouvrage général sur les *orangers*, sur ces arbres si dignes de toute leur célébrité, par l'élégance de leur port, la beauté de leur feuillage, la grâce et la suavité de leurs fleurs, la variété, le parfum, la fraîcheur et les qualités bienfaisantes de leurs fruits. Nos professions et les lieux de nos résidences supposent d'abord que nous ne sommes pas étrangers à la matière que nous traitons; mais nous devons ajouter qu'il y a dix ans que nous nous en occupons particulièrement; que déjà nous en avons publié un essai dans les Annales du Muséum d'Histoire naturelle de Paris; que nous avons peint nous-mêmes, avec toute la perfection dont nous sommes capables, les cent plus belles espèces et variétés d'oranger, bigaradier, limonier, cédratier, etc., qui composent ce genre intéressant, appelé *citrus* par les botanistes. L'histoire, la physiologie, les descriptions spécifiques, la culture et les usages en sont déjà rédigés. Le tout, y compris cent planches représentant les cent plus belles espèces et variétés, forme deux volumes grand in-4° : nous nous étions proposés de les publier simultanément; mais les frais considérables d'une telle entreprise nous obligent de les offrir au public par livraisons et par voie de souscription.

Chaque livraison sera composée de trois à quatre feuilles de texte, et six planches coloriées représentant chacune un rameau d'oranger chargé de feuilles, de fleurs et de fruits. L'ouvrage entier sera composé de seize à dix-sept livraisons : il en paraîtra une chaque mois, à commencer du 1ᵉʳ au 15 mai prochain.

On souscrit à Trianon, chez Poiteau; et à Paris, chez Audot, libraire.

Ouvrages sur les Amusemens de la Campagne.

TRAITÉ DE LA CHASSE AU GIBIER A POIL, contenant des principes pour bien chasser et bien tirer ; la manière de dresser les chiens ; les ruses pour prendre le gibier, et la description des piéges que l'on peut tendre aux animaux destructeurs ; suivi d'un Précis des lois et règlemens en vigueur ; d'un Vocabulaire des termes de chasse, d'anecdotes, plaisanteries et chansons sur la chasse. 1 vol. in-12, avec 7 planches gravées, et 16 planches de musique de chasse, 3 fr.

Franc de port,   3 fr. 75 c.

TRAITÉ DE LA CHASSE AUX OISEAUX, et de toutes les ruses dont on se sert pour les prendre; suivi d'une collection considérable de figures et de piéges nouveaux, propres à différentes chasses. Par Bulliard. Nouvelle édition, augmentée de la méthode pour faire les filets; de beaucoup de détails sur la chasse au gibier-plume, et ornée d'un grand nombre de figures représentant les oiseaux que l'on chasse en France. 1 vol. in-12,   5 f.

Avec les figures des oiseaux coloriées,   9 f.

Port par la poste,   75 c.

Cet Ouvrage, dans ses premières éditions, était intitulé *Aviceptologie.* Nous avons supprimé ce titre pour le remplacer par un autre qui pût être plus facilement compris de tout le monde. L'édition que nous annonçons contient, outre de nouvelles figures très-bien faites, beaucoup d'observations relatives à la chasse au fusil, et forme, avec le *Traité de la Chasse au Gibier à poil,* un Traité suffisant pour toute personne qui veut joindre aux autres agrémens de la campagne les plaisirs de la chasse, et apprendre les élémens de cet art, ainsi que les ruses qui se pratiquent contre les animaux sauvages de toutes les espèces.

Nous recevrons avec reconnaissance les nouvelles

observations sur l'art de la chasse, qui pourraient nous être envoyées par des amateurs, et nous en profiterons pour enrichir la prochaine édition.

TRAITÉ DE LA PÊCHE à la ligne et aux filets dans les fleuves et les rivières, suivi de l'art de fabriquer les filets, de construire, empoissonner et entretenir les étangs et viviers ; avec beaucoup de figures coloriées représentant les différentes espèces de poissons, et tout ce qui est relatif à la pêche. 1 vol. in-12. (*Sous presse, pour paraître au* 1er *juillet* 1818). Il y aura des exemplaires dont les figures des poissons seront coloriées.

TRAITÉ DES OISEAUX DE CHANT, des pigeons de volière, du perroquet, du faisan, du cygne et du paon. 1 vol. in-12, orné de 46 fig. d'oiseaux,

Figures noires,   3 f.
Figures coloriées,   6
Port par la poste,   75 c.

LE LANGAGE DES FLEURS PAR LEURS EMBLÊMES, hommage à la beauté, à l'amitié, aux amours, 1 vol. in-18, fig. (*Sous presse, pour paraître au* 1er *octobre* 1818.)

RECUEIL DES PLUS JOLIS JEUX DE SOCIETÉ, dans lequel on trouve les gravures d'un grand nombre d'énigmes chinoises, et l'explication de ce nouveau jeu. Paris, 1818, 1 vol. in-12, orné d'une gravure représentant, en miniature, les montagnes aériennes, russes, celles de Belleville, et le saut du Niagara, 2 f.
Franc de port par la poste,   2 f. 50 c.

L'ART DE FAIRE, A PEU DE FRAIS, LES FEUX D'ARTIFICE pour les fêtes de famille, mariages, et autres circonstances semblables ; par un amateur. 1 vol. in-12, avec fig. (*Sous presse, pour paraître au* 1er *juillet* 1818.)

LA CUISINIÈRE DE LA CAMPAGNE et de la Ville, ou la NOUVELLE CUISINE ÉCONOMIQUE, précédée d'observations très-importantes sur les *soins qu'exige une cave*, et d'une instruction sur la *manière de servir à table*, et sur la dissection des viandes. 1 vol. in-12, avec figures (*Sous presse, pour paraître au 1er juillet* 1818.)

LA CHARCUTERIE, ou l'Art de saler, fumer, apprêter et cuire toutes les parties différentes du cochon et du sanglier, pour faire suite à la Cuisinière de Campagne, 1 vol. in-12. (*Sous presse, pour paraître au 1er juillet* 1818.)

LA PATISSIÈRE DE LA CAMPAGNE ET DE LA VILLE, suivie de l'Art de faire le pain d'épices, les gauffres, oublis, etc., pour faire suite à la Cuisinière de Campagne, 1 vol. in-12. (*Sous presse, pour paraître au 1er juillet* 1818.)

L'ART D'EMPLOYER LES FRUITS, et de composer à peu de frais toutes sortes de confitures et de liqueurs, pour faire suite à la Cuisinière de Campagne, 1 vol. in-12. (*Sous presse, pour paraître au 1er juillet* 1818.)

L'ART DU MENUISIER en bâtimens et en meubles, précédé de notions d'architecture et de géométrie, et orné d'environ 80 planches représentant les ordres et ornemens d'architecture, les meubles et décorations de boiseries du plus nouveau goût, avec les détails de leur construction. 1 vol. in-12. (*Sous presse, pour paraître au 1er octobre* 1818.)

LE NÉCESSAIRE PERPÉTUEL DU PERCEPTEUR DES CONTRIBUTIONS DIRECTES, ou Tableaux progressifs, par douzièmes, des taxes de ces contributions, depuis cinq centimes jusqu'à 10,000 francs; ouvrage utile aux contribuables, au moyen duquel on connaît, sans aucun calcul, pour toutes les taxes et à telle époque que ce puisse être, le montant des douzièmes échus exigibles par le percepteur, 2 f. et 2 f. 25 c. par la poste. (*Sous presse, pour paraître au 1er juillet* 1818.)

*On travaille en ce moment aux Ouvrages sui-
vans, mais l'époque de leur mise en vente
ne peut encore être déterminée, et sera peut-
être reculée jusque dans le courant de l'année 1819.*

MANUEL DU PROPRIÉTAIRE CULTIVATEUR, ou Principes de
l'agriculture pratique et de l'économie rurale, 1 vol.
in-12.

TRAITÉ DE L'ÉDUCATION ET DE L'ENTRETIEN DES ANIMAUX
DOMESTIQUES, tels que le cheval, le mulet, l'âne, le
taureau, la vache et le bœuf, le mouton, la chèvre,
le chien et le cochon, 1 vol. in-12 avec fig.

TRAITÉ DE LA BASSE-COUR, ou la basse-cour considérée
dans les soins qu'elle exige et les avantages qu'elle
offre à l'économie domestique, 1 vol in-12.

PRATIQUE DE LA CULTURE DES ABEILLES, suivi d'un petit
Traité sur les vers à soie. 1 vol. in-12.

CALENDRIER PERPÉTUEL DU CULTIVATEUR, ou travaux qu'il
doit exécuter mois par mois, divisés en travaux de la
ferme, grande culture, animaux domestiques, animaux nuisibles, vergers, vignes, pépinières, avenues
et forêts, serres, jardins-paysagers, etc. 1 vol. in-12.

MÉTÉOROLOGIE RURALE, 1 vol. in-12.

ART DE FAIRE LE PAIN, ou Traité des procédés et des diverses substances que l'on peut employer pour faire le
pain ; suivi de l'Art de préparer le vermicelle, la
fécule de pomme de terre, etc. 1 vol. in-12.

LA LAITERIE, ou Art de traiter le laitage, de faire le
beurre, et de préparer les diverses sortes de fro-
mages. 1 vol. in-12.

• PETIT CABINET D'HISTOIRE NATURELLE, formé des produc-
tions du pays même que l'on habite, avec la méthode
de classement, l'art d'empailler les animaux et de conserver les plantes et les insectes 1 vol. in-12.

L'ART DE PEINDRE LES BATIMENS ET DE DÉCORER LES APPAR-
TEMENS, par les moyens les plus simples et les plus
économiques, suivi de la manière de coller le papier
de tenture. 1 vol in-12.

L'ART DU TOURNEUR, 1 vol. in-12, avec une grande
quantité de figures.

Autres Ouvrages qui se trouvent chez le même Libraire.

PLANTES DE LA FRANCE, décrites et peintes d'après nature
par Jaume Saint-Hilaire, 4 vol. in-8, contenant 400
planches coloriées, cartonnés par Bradel,   120 fr.

PLANTES USUELLES, indigènes et exotiques, dessinées et
coloriées d'après nature ; avec la description de leurs
caractères distinctifs et de leurs propriétés médicales ;
par Jos. Roques, docteur en médecine, 2 vol. in-4,
contenant près de 600 fig. de plantes usuelles coloriées, cartonnés,   144 f.

*FLORA GALLICA, seu Enumeratio plantarum in Galliâ
sponte nascentium ;* par Loiseleur - Deslonchamps,
2 vol. in-12, avec 21 planches et une Notice supplé-
mentaire,   12 f.

NOUVEAU VOYAGE DANS L'EMPIRE DE FLORE, ou Principes
de Botanique suivant la méthode du Jardin des Plantes, par Loiseleur-Deslongchamps. Paris, 1817, un
fort vol. in-8,   7 f. 50 c.

RECHERCHES HISTORIQUES, BOTANIQUES ET MÉDICALES SUR
LES NARCISSES INDIGÈNES, pour servir à l'histoire des
plantes de France ; par Loiseleur - Deslonchamps,
in-4,   1 f. 25 c.

DICTIONNAIRE DES TERMES TECHNIQUES DE BOTANIQUE, par
Mouton-Fontenille, 1 vol. in-8, broché,   4 f.

LE BOTANISTE CULTIVATEUR, par M. Du Mont de Courcet,
2e édition, 7 vol. in-8, brochés,   48 f.

Histoire des Plantes d'Europe et étrangères les plus communes, les plus utiles et les plus curieuses, ou Elémens de Botanique pratique, par M. J. E. Gilibert ; 2ᵉ édit., ornée de plus de 800 figures gravées sur bois, 3 vol. in-8, broch.,   24 f.

Cours complet d'Agriculture, par Rozier, 12 vol. in-4, rel.,   150 f.

Traité de la Conservation des Grains et des Farines, par Bucquet, in-8, fig., broch.,   3 f.

Ecole du Jardin fruitier, par La Bretonnerie, nouvelle édition, revue, corrigée et augmentée par l'auteur du Bon Jardinier, 2 vol. in-12,   7 f.

Dictionnaire raisonné universel d'Histoire naturelle, par Valmont de Bomare. Lyon, 1800, 15 vol. in 8, broch.,   40 f.

Histoire naturelle des Quadrupèdes (tirée de l'Encyclopédie), 1 vol. de texte et un de 112 planches représentant plus de 600 figures d'animaux, in-4, cartonnés,   35 f.

Histoire naturelle des Oiseaux (tirée de l'Encyclopédie), 4 vol., dont un de 320 planches, où sont figurés près de 1000 oiseaux, in-4, cartonnés,   60 f.

Histoire des Oiseaux peints et coloriés d'après nature par Martinet, 9 vol. in-8, contenant plus de 600 oiseaux supérieurement coloriés, reliés,   150 f.

Histoire de Saint Louis, Roi de France, par De Bury, nouv. édit., revue avec soin. Paris, 1817, 1 vol. in-12, fig. et portr.,   3 f.
    Idem, papier vélin,   6 f.

Histoire de Louis XII, Roi de France, par A. L. Delaroche. Paris, 1817, 1 vol. in-12, avec fig., portr. et *fac simile*,   3 f.
    Idem, papier vélin,   6 f.

Histoire de Henri IV, par Péréfixe, 1 vol. in-12
                             2 f. 50 c.

Vie de Madame la Dauphine, mère de Sa Majesté Louis XVIII, contenant un plan *inédit* d'éducation,

tracé de sa main, pour le Dauphin, depuis Louis XVI;
publiée par M. l'abbé Sicard, 1 vol. in-12, portr. 2 f.
    Idem, papier vélin,   4 f.

MÉMOIRES PARTICULIERS, formant, avec l'ouvrage de
M. Hue et le Journal de Cléry, l'histoire complète de
la captivité de la Famille Royale à la Tour du Temple,
avec cette épigraphe :

Je pardonne de tout mon cœur à ceux qui se sont faits mes ennemis.
                          Testament du Roi.

Je pardonne à tous mes ennemis le mal qu'ils m'ont fait.
                          Lettre de la Reine.

O mon Dieu! pardonnez à ceux qui ont fait mourir mes parens!
  Tracé sur le mur du Temple par l'auguste fille de Louis XVI.

In-8, figures,   2 f. 50 c.

COPIE FIGURÉE (ou *Fac simile*) du Testament de la
Reine, imitant parfaitement l'écriture de cette auguste
princesse,   1 f. 25 c.

FAC SIMILE DU TESTAMENT DE LOUIS XVI, gravé sur l'o-
riginal par Pierre Picquet. On y a joint le *fac simile*
d'un fragment d'écrit de Madame Élisabeth, et des si-
gnatures de la Reine Marie-Antoinette et du jeune
Louis XVII, accompagnés d'une Notice historique,
contenant des détails très-intéressans et inconnus jusqu'à ce jour, sur le Testament de Louis XVI et sur
l'origine du Testament de la Reine; brochure in-4. 2 f.

SUPPLÉMENT A LA NOTICE HISTORIQUE SUR LE TESTAMENT
DE LA REINE, suivi d'anecdotes inédites, et d'un précis sur sa prison à la Conciergerie, et sur la chapelle
et le monument expiatoire qui y ont été élevés; ornés
de deux gravures en couleur, représentant le cénota-
phe et la salle funèbre. Brochure in-4,   2 f. 50 c.

ABRÉGÉ DE TOUTES LES SCIENCES, ou Encyclopédie de la
Jeunesse. 1 vol in-12, fig.,   2 f. 50 c.

ARITHMÉTIQUE DE BARRÊME, in-12, relié,   3 f. 25 c.

ART (l') DE PROLONGER LA VIE HUMAINE, traduit de l'allemand d'Huffeland, in-8, 4 f.

AVENTURES DE ROBINSON, 2 vol. in-12, avec 16 jolies figures, 5 f.

AVENTURES DE TÉLÉMAQUE, 2 vol. in-12, 4 f.
Idem, 1 vol. in-12, fig., relié, 3 f.

AVIS D'UNE MÈRE A SON FILS, par madame de Lambert, petit in-12, relié, 2 f.

AVIS D'UNE MÈRE A SA FILLE, par la même, petit in-12, relié, 2 f.

BIOGRAPHIE DES JEUNES DEMOISELLES, ou Vies abrégées des femmes de tous les siècles qui se sont le plus illustrées par leurs vertus et leurs talens, 2 vol. in-12, figures, 7 f.

CINQ CODES (les), avec notes et traités, pour servir à un Cours complet de Droit français à l'usage des étudians en Droit, et de toutes les classes de citoyens cultivés, par Sirey, in-8, 5 f.

COMPTES FAITS de Barrême, en francs et centimes, in-24, relié, 1 f. 50 c.

DICTIONNAIRE latin-français de Noël, rel. en parchemin, 7 f. 65 c
Idem, relié en basane, 8 f. 15 c.

DICTIONNAIRE français-latin, du même, mêmes prix.

DICTIONNAIRE grec, par Planche, rel. en parch., 18 f.
Idem, relié en basane, 18 f. 50 c.

DICTIONNAIRE DE LA FABLE, par Chompré, in-18, relié, 2 f.

DICTIONNAIRE DES RIMES, par Richelet, in-8, 6 f.

DICTIONNAIRE portatif de la langue française, extrait de Richelet, par de Wailly. 2 vol. in-8, 15 f.

DICTIONNAIRE HISTORIQUE, par Feller, 8 vol. in-8, 60 f.

DICTIONNAIRE THÉOLOGIQUE, par Bergier. 8 vol. in-8, 48 f.

ECOLE DES JEUNES DEMOISELLES, ou Lettres d'une Mère vertueuse à sa Fille, par Reyre, 2 vol. in-12, 5 f.

Ecole (l') des Mœurs, par Blanchard, 3 vol. in-12, reliés, 8 f. 25 c.

Ecritures (les) françaises et anglaises dans leur perfection, avec des principes pour le choix, la taille des plumes, etc., par Picquet, in-4, 2 f. 50 c.

Education complète, par l'auteur du Magasin des Enfans, 4 vol. in-12, reliés en deux, 6 f. 50 c.

Education (de l') des Filles, par Fénélon, in-12, relié, 2 f. 75 c.

— Idem, in-18, relié, 2 f.

Elémens de Littérature, extraits du Cours de Belles-Lettres de Le Batteux, 2 vol. in-12, reliés, 6 f.

Etrennes spirituelles, in-24, une fig., rel., 1 f. 50 c.

— Idem, avec 6 jolies fig., relié en veau doré sur tranche, 3 f. 25 c.

— Idem, ——— idem, rel. en maroquin doré sur tranche, 4 f. 50 c.

Eugénie a ses Elèves, par madame de Lafitte, 2 vol. in-12, 2 f. 50 c.

Fables choisies mises en chansons, avec les airs notés, in-24, rel. 1 f. 80 c.

Fables d'Esope, avec 13 jol. fig., petit in-12, rel., 3 f.

Fables de La Fontaine, in-12, rel., 2 f. 75 c.

Fabliaux et Contes des XIIe et XIIIe siècles, par Legrand d'Aussy, tome IV, in-8, 5 f.

Fablier (le) de la Jeunesse, ou Choix de Fables et Apologues tirés des meilleurs auteurs anglais, allemands, hollandais, etc., par l'auteur de la morale en action, 2 vol. in-12, rel., 6 f.

Fabuliste (le) des Enfans et des Adolescens, ou Fables nouvelles, pour servir à l'instruction et à l'amusement du premier âge, par Reyre, avec 8 fig., in-12, 2 f. 25 c.

France (la) littéraire, 4 vol. petit in-8, 12 f.

Géographie (le) manuel, par Expilly, 1 vol. in-18, avec cartes, 2 f.

GRAMMAIRE FRANÇAISE de Condillac, in-12,   2 f.

GRAMMAIRE DES DAMES, in-12, fig.,   2 f. 50 c.

GRAMMAIRE ITALIENNE de Biagioli, in-8,   6 f.

HERMÈS, Grammaire universelle d'Harris, trad. par Thurot, in-8,   5 f.

HÉROÏSME (l') DE L'AMITIÉ : David et Jonathas, poëme, petit in-12, fig., rel.   2 f.

HISTOIRE NATURELLE DES ANIMAUX, in-12, rel., 3 f. 25 c.

HISTOIRE DU CHEVALIER BAYARD, in-12, rel., 3 f. 25 c.

HISTOIRE DE TURENNE, in-12, rel.,   3 f.

HISTOIRE DE L'ORDRE DE MALTE, par Vertot, 7 vol. in-12,   14 f.

HISTOIRE DES RÉVOLUTIONS DE PORTUGAL, par le même, in-12,   2 f.

HISTOIRE DES RÉVOLUTIONS DE SUÈDE, par le même, 3 v. in-12,   7 f. 50 c.

HISTOIRE D'UN MORCEAU DE BOIS, précédée d'un Essai sur la sève, considérée comme résultat de la végétation, par Aubert du Petit-Thouars, in-8,   4 f.

HISTORIA DE LAS SENORITAS de San-Janvier, o San Genaro, las dos solas blancas que se libraron de la mortandad de Santo Domingo, in-18.   1 f. 50 c.

HYMNE AU SOLEIL, par l'abbé de Reyrac, in-18, pap. fin,   2 f.

INSTRUCTIONS SUR L'HISTOIRE DE FRANCE, par Le Ragois, in-12, fig., rel.   4 f.

JOSEPH, poëme, par Bitaubé, petit in-12, fig., rel.,   2 f. 50 c.

JOURNÉE DU CHRÉTIEN, édit. très-étendue, in-24, rel.,   1 f. 25 c.

— *Idem*, ——— avec 6 jolies fig., rel. en veau doré sur tranche,   3 f. 25 c.

— *Idem*, ——— *idem*, relié en maroquin doré sur tranche,   4 f. 50 c.

LETTRES D'UNE PÉRUVIENNE, en italien et en français, 2 vol. in-18,　2 f. 50 c.

LETTRES SUR LA GRÈCE, par Savary, in-8,　4 f.

MAGASIN DES ADOLESCENTES, 5 vol. in-18,　3 f.

MAGASIN DES ENFANS, 4 vol. in-18,　4 f.

MANUEL DES MAIRES ET DE LEURS ADJOINTS, 2 v. in-8,　12 f.

MENTOR (le) DES ENFANS ET DES ADOLESCENS, par Reyre, in-12,　2 f. 50 c.

MORALISTE (le) DE LA JEUNESSE, Pensées, Maximes, les plus propres à former le cœur et l'esprit, tirées des meilleurs écrivains français, 2 vol. in-18,　3 f.

MORCEAUX CHOISIS des Poètes français les plus célèbres, in-12, rel.,　2 f. 75 c.

MORCEAUX CHOISIS DE BOURDALOUE, in-12, rel.,　3 f. 25 c.
— *Idem*, —————— in-18, rel,　2 f. 25 c.

MORCEAUX CHOISIS DE FÉNÉLON, in-12, rel.,　3 f. 25 c.
— *Idem*, —————— in-18, rel.,　2 f. 25 c.

MORT (la) D'ABEL, in-12, fig., rel.,　2 f. 75 c.
— *Idem*, —————— in-18,　1 f. 50 c.

NARRATIONS CHOISIES DE TITE-LIVE, en latin et en français, 2 vol. in-12, rel.,　6 f. 50 c.

NOUVEAU VOCABULAIRE FRANÇAIS, par Wailly, in-8,　7 f.

ŒUVRES CHOISIES DE BERQUIN, 4 vol. in-18, fig.,　3 f.

ŒUVRES CHOISIES DE BOILEAU, petit in-12, rel.,　2 f. 50 c.

ŒUVRES COMPLÈTES DE FÉNÉLON, 10 vol. in-12,　30 f.

ŒUVRES DE BOURDALOUE, 16 vol. in-8,　40 f.

ONANISME (l') DE TISSOT, in-12,　1 f. 50 c.

ORACLES DES SIBYLLES, in-12, rel.,　3 f. 25 c.

ORAISONS FUNÈBRES DE FLÉCHIER EN BOSSUET, 1 vol. in-12, rel.,　3 f. 75 c.

PARFAIT (le) ECOLIER, ou Vies de plusieurs jeunes Etudians, in-18, rel.,　2 f

PAROISSIEN, in-18, rel., 2 f.
— *Idem*, ————— avec 6 jolies fig., rel. en veau doré sur tranche, 5 f.
— *Idem*, ————— *idem*, relié en maroquin doré sur tranche, 6 f. 50 c.

PETIT (le) BUFFON DES ENFANS, in-18, fig., 1 f.

POÉSIES DU P. DUCERCEAU, 2 vol. petit in-12, rel., 5 f.
LES MÊMES, pap. vél., 8 f.

POÉSIES D'HORACE, par Le Batteux, nouvelle édit., augmentée des notes de Jouvency, 2 vol. in-18, 4 f.

PRÉCIS HISTORIQUE DE LA RÉVOLUTION FRANÇAISE, par Rabaut de Saint-Etienne, 1 vol. in-32, fig., 1 f. 50 c.

RECUEIL DE RAPPORTS ET DE MÉMOIRES sur la culture des arbres fruitiers, par Aubert du Petit-Thouars, in-8, fig., 5 f.

RÈGNE DE RICHARD III, traduction de l'anglais attribuée à Louis XVI. 3 f.

RHÉTORIQUE FRANÇAISE à l'usage des jeunes demoiselles, avec des exemples tirés, pour la plupart, de nos meilleurs orateurs et poètes modernes, in-12, rel. 3 f. 25 c.

SALLUSTE, traduction de Dotteville, avec le texte, in-12, rel., 3 f. 25 c.

SATIRES DE JUVÉNAL, traduites par Dussaulx, 2 vol. in-4, gr. pap. vél.; fig., cartonnés par Bradel, 48 f.
LES MÊMES, 2 vol. in-folio, *idem*, 72 f.

TABLEAUX DE L'HISTOIRE ANCIENNE, par Degrace, in-12, rel., 3 f. 25 c.

TOMBEAUX (les) ET LES MÉDITATIONS D'HERVEY, in-12, 2 f.

TRAITÉ DES CARACTÈRES EXTÉRIEURS DES FOSSILES, trad. de l'allemand de Werner, in-12, 2 f. 50 c.

TRAITÉ DES DÉLITS ET DES PEINES, par Beccaria, in-8, 5 f.

TRAITÉ DE L'ORTHOGRAPHE FRANÇAISE, par Restaut, in-8, rel., 7 f. 50 c.

BIBLIOTHEQUE ROYALE

Trois (les) Héroïnes chrétiennes, in-18, rel.,   2 f.
Tropes (des), avec la construction oratoire, par Le
    Batteux, in-12,
                                                  2 f.
Vie de Sixte-Quint, 2 vol. in-12,   5 f.
P. Virgilii M. Opera, cum notis Ruæi, 3 vol. in-12,
    rel.,
                                                 16 f.
Voyage autour du Monde, par Anson, 5 vol. in-12, et
    atlas in-4,
                                                 15 f.
Voyage en Afrique et en Asie, principalement au
    Japon, pendant les années 1770-1779, par Thun-
    berg, in-8,
                                                  4 f.

DE L'IMPRIMERIE D'A. EGRON.

www.ingramcontent.com/pod-product-compliance
Lightning Source LLC
LaVergne TN
LVHW021146050726
842519LV00002B/519